输变电工程
环境保护技术措施

姚德贵　主编

中国电力出版社
CHINA ELECTRIC POWER PRESS

内容提要

随着公众环境保护意识不断提升，输变电工程如何与居民和谐共处引起大家的广泛关注。本书主要介绍输变电工程设备的基本情况、可能产生的环境影响和目前使用的主要环境保护措施，为输变电工程环境保护措施的设计及评价提供参考。全书共分为六章，包括输变电工程基础知识及环境保护，电磁环境影响及控制措施，可听噪声影响及控制措施，输变电工程的生态影响及保护措施，非电磁环境影响及保护措施，输变电工程环保措施应用案例。

本书可供从事输变电工程环境影响评价及工程设计、建设、运行的专业技术人员及管理人员使用，也可作为高等院校相关专业的参考书。

图书在版编目（CIP）数据

输变电工程环境保护技术措施 / 姚德贵主编. —北京：中国电力出版社，2020.12
ISBN 978-7-5198-5112-5

Ⅰ.①输… Ⅱ.①姚… Ⅲ.①输电—电力工程—环境保护—研究—中国②变电所—电力工程—环境保护—研究—中国 Ⅳ.① X322.2-62

中国版本图书馆 CIP 数据核字（2020）第 206211 号

出版发行：中国电力出版社
地　　址：北京市东城区北京站西街 19 号（邮政编码 100005）
网　　址：http：//www.cepp.sgcc.com.cn
责任编辑：刘　薇（010-63412357）
责任校对：黄　蓓　于　维
装帧设计：张俊霞
责任印制：石　雷

印　　刷：三河市百盛印装有限公司
版　　次：2020 年 12 月第一版
印　　次：2020 年 12 月北京第一次印刷
开　　本：710 毫米 ×1000 毫米　16 开本
印　　张：13.25
字　　数：236 千字
印　　数：0001—1000 册
定　　价：52.00 元

编 委 会

主　　编　姚德贵

副 主 编　吕中宾　张嵩阳

参　　编　王磊磊　王广周　卢　林　钱诗林

张　远　王东晖　杨　帆　寇晓适

王忠强　张健壮　张少锋　聂京凯

吴　豫　王　飞　郭　星　郭　阳

张　龙　赵光金　夏中原　朱　华

万迪明　耿进锋　蒋玲芳　李越雯

李海峰　郭　磊　付海金　李　媛

刘卫坡　李晋贤　詹振宇　孙　周

田　旭　万　顶　王　鹏　周　挺

黄　涛

前 言

随着国民经济的持续发展，居民生活水平显著提高，社会对电力的需求不断增加，更高电压等级的输电线路、变电站不断出现、增多。过去我国的输变电工程主要分布于人口密度较低区，因而输变电工程相关的环境保护问题没有引起人们的重视。随着城市规模的不断扩大，输变电工程与居民生活区的距离大大缩小，公众环境保护意识也不断提升，输变电工程如何与居民和谐共处的问题逐渐进入了人们的视野。为了说明输变电工程对环境的影响，帮助输变电工程建设时降低对环境的影响水平，助力建设绿色和谐电网，编写了本书。

本书主要介绍输变电工程的基本情况、可能产生的环境影响和目前使用的主要环境保护措施，为输变电工程环境保护措施的设计及评价提供参考。全书共分为六章，第 1 章输变电工程基础知识及环境保护，介绍输变电工程的主要设备及环境影响，选址选线涉及的环境保护问题；第 2 章电磁环境影响及控制措施，介绍电磁环境基础知识及测量评价方法，分析电磁环境的影响因素及控制措施；第 3 章可听噪声影响及控制措施，介绍可听噪声基础知识及测量评价方法，根据输变电工程不同阶段介绍可听噪声控制措施；第 4 章输变电工程的生态影响及保护措施，重点介绍输变电工程对动植物、生态敏感区的影响及保护措施；第 5 章非电磁环境影响及保护措施，包括大气、水环境、水土流失和固体废物等影响及相应措施；第 6 章输变电工程环保措施应用案例，列举不同环境影响及保护措施的应用案例。

本书可供从事输变电工程环境影响评价及工程设计、建设、运行的专业技术人员及管理人员使用，也可作为高等院校相关专业的参考书。参加本书编写的人员为多年在输变电环保工作一线的专业技术人员，在写作过程中结合了大量生产实例，是大家多年工作经验的提炼和总结。

由于编者的水平有限，书中难免有错误和不足之处，望广大读者批评指正。

编　者

2020 年 8 月

目录

1 输变电工程基础知识及环境保护

能源是社会经济发展的重要物质基础，其中，电能是最便捷与最清洁的终端能源形式，在能源输送系统中居中心地位。随着发电装机容量和用电负荷的不断增长，我国输变电工程建设取得了长足发展，电压等级不断提升，电网规模逐步扩大。截至 2019 年底，全国发电装机容量达到 20.05 亿 kW，年社会用电量达到 7.23 万亿 kWh，均处于世界第一位。

输变电工程是电能输送的载体，是现代能源综合输送体系的重要组成部分，对国家能源安全至关重要。输变电工程在输送电能、促进社会经济发展的同时，也会在建设、运行过程中对周边原有的电磁环境、声环境、水环境及生态环境等产生潜在的影响，因此分析评估输变电工程潜在的环境影响，在工程设计、施工、运行过程中采取相应的环境保护措施，切实做好环境保护工作，对运营绿色电网、促进社会经济与环境的全面协调可持续发展具有重要意义。

本章主要介绍输变电工程的基础知识及环境保护的意义、问题与措施。

1.1 电力系统

在电能生产和输送过程中，要经过发电、输电、变电及配电等环节。发电的作用是将自然界的一次能源（如风能、水能、化石燃料内能）通过动力装置（火电厂主要包括锅炉、汽轮机及电厂辅助生产系统等）及发电机转化为电能。输电的作用是将发电厂发出的电能通过高压输电线路输送到消费电能的地区，或进行相邻电网之间的电力互送，使其形成互联电网。变电的作用是通过变压器将电压由低电压转变为高电压（升压）或由高电压转变为低电压（降压），使电能符合输送或使用的要求。配电的作用是将输送至负荷中心的电能进一步分配给工业、农业、商业、居民以及有特殊需求的用电客户。自然界中的一次能源经转换为电能后，经过不同电压等级的输电线路、变压器及配电系统将电能供应到各负荷中心，再通过各种用电设备转换为满足用户需求的其他形式的能源，服务于生产生活。

电力系统中输送和分配电能的部分称为电网，构成电网的基本要素主要包括变压器、开关设备、互感器、避雷器、补偿装置及各输电线路等。图 1–1 为电力系统基本组成形式。

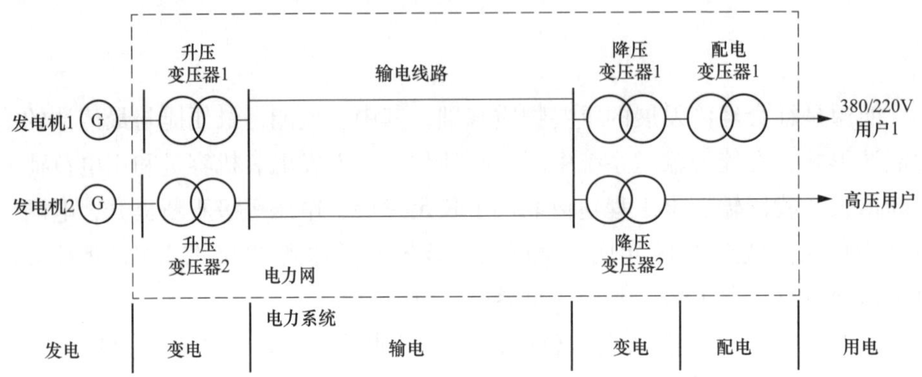

图 1–1　电力系统基本组成

根据电压等级的差异，我国电网分为输电网与配电网，其具体划分及与电压等级对应关系如表 1–1 所示。

表 1–1　　输、配电网分类及对应电压等级　　单位：kV

输电网	特高压输电网	1000、±800、±1100
	超高压输电网	330、500、750、±400、±500
	高压输电网	110、220、
配电网	高压配电网	35、63(66)
	中压配电网	3、6、10、20
	低压配电网（V）	220、380

输变电工程可以分为交流输变电工程和直流输电工程，其中交流输变电工程由变电站及交流输电线路组成；直流输电工程由换流站、直流输电线路和接地极组成。输变电工程主要设备如表 1–2 所示。

表 1-2 输变电工程主要设备

交流输变电工程	变电站设备	变压器、电抗器、电容器、断路器、接地开关、隔离开关、避雷器、电压互感器、电流互感器、母线等
	输电线路设备	导线、地线、绝缘子串、线路金具、铁塔、铁塔基础和接地装置等
直流输电工程	换流站设备	换流阀、换流变压器、平波电抗器、换流站避雷器、直流隔离开关、直流断路器、直流测量装置等
	输电线路设备	导线、地线、绝缘子串、线路金具、铁塔、铁塔基础和接地装置等

直流输电工程主要以中间不落地的两端工程为主，可点对点、大功率、远距离地将电力送往负荷中心，而交流输电工程既具有输送电能的作用，也可以发挥各级输电网络和电网互联的联络通道作用。交流输电和直流输电在电能输送过程中相辅相成，共同助力于坚强电网的构建。

1.2　变电站与换流站工程

1.2.1　变电站工程

1. 变电站概述

变电站是由断路器、隔离开关、变压器等电气设备在固定区域内连接组合、用以切断或接通、调整电压的电力设施。为降低电能远距离输送时的损耗，必须把电压升高，到负荷中心附近再按照用电设备的需要把电压降低，这种电压升、降的过程在变电站内完成。

2. 变电站主要电力设备

变电站内主要设备包括变压器、母线、隔离开关、断路器、电抗器、电容器、互感器、避雷器及继电保护设备等。

（1）变压器。变压器是一种静止的电气设备，其根据电磁感应的原理，将某一电压等级的电能转换成频率相同、电压等级不同的电能，以满足电能的远距离输送或不同电压等级负荷的用电需求。变压器对环境的潜在影响因素主要是运行过程中的噪声与变压器内部的绝缘油。电力变压器如图 1-2 所示。

(a)

(b)

图 1–2　电力变压器

（a）三相电力变压器；（b）单相电力变压器

运行中的变压器的负荷率和冷却方式直接影响变压器的噪声等级。相同电压等级及容量的电力变压器，冷却方式相同时，变压器的负荷率越高，噪声等级越高。而对于风冷式变压器，由于配备冷却风扇，因而在风扇运行时噪声等级比同容量且负荷率相同的自冷式变压器要大，特别是运行多年的油浸风冷式变压器，在风扇开启时的噪声可高达 80dB。

在检修过程中，作为绝缘与冷却介质的绝缘油需要转移至滤油设备中，在此过程中必须严防绝缘油泄漏。此外，变电站必须建造专门的事故油池，以避免绝缘油泄漏时对周边的土壤或水体产生潜在影响。

（2）电容器。电容器按用途可划分为并联电容器、串联电容器及滤波电容器等。其中并联电容器主要用于补偿电力系统感性负荷的无功功率，以提高功率因数，改善电压质量，降低线路损耗；串联电容器主要用以补偿线路的分布感抗，提高系统的静、动态稳定性，改善线路的电压质量，加长输电距离和增大输送能力；滤波电容器主要用于高压直流装置和高压整流滤波装置中，抑制谐波源向系统注入谐波电流。运行中的电容器（如图 1–3 所示）会产生噪声。运行中的电容器内部电极间有静电力的作用，从而激发电容器内部元件振动，而内部元件的振动将诱发箱壁振动，从而激发噪声并传播至外部环境。

（3）电抗器。按结构形式，电抗器可分为空心电抗器、铁芯电抗器，如图 1–4 所示；按照连接方式，电抗器可分为串联电抗器与并联电抗器。对于远距离高压输电线路，由于输电线路对地电容较大，输电线路自身能够获得过量的无功功率，在这种情况下可以在变电站内装设并联电抗器来吸收无功功率，限制系统电压升高和操作过电压的产生，保证线路的可靠运行。在变电站内，母线串联电抗器可以限制短路电流，维持较高残压，电抗器也可以与电容器串联或并联组成滤波器组，用于限制电网中的高次谐波。

图 1–3 运行中的电容器

(a)

(b)

图 1–4 电抗器

（a）干式空心电抗器；（b）油浸式铁芯电抗器

电抗器在运行过程中会产生振动和噪声问题，其中铁芯电抗器诱发噪声的振动主要来自铁芯的磁致伸缩、相邻铁芯叠片间的电磁力与线圈受到的洛伦兹力三个方面；而空心电抗器的振动主要源自时变电流励磁作用下线圈受到的电磁力作用，继而在周围空气中产生噪声。电抗器受迫振动产生的噪声已成为输变电工程的主要噪声源之一。

（4）高压断路器。高压断路器具有完善的灭弧装置和高速传动机构，能够断开各种工况下电路中的电流，以改变变电站内接线方式或快速切除故障电路。

按照熄弧介质的不同，高压断路器可分为油断路器（多油断路器、少油断路器）、六氟化硫（SF_6）断路器、压缩空气断路器与真空断路器。

目前 110kV 及以上电压等级的变电站中多采用 SF_6 断路器。SF_6 断路器与气体绝缘金属封闭开关设备（Gas Insulated metal-enclosed Switchgear，GIS）内充有大量 SF_6 气体，该气体本身对人体无毒、无害，但属于温室效应气体。

1.2.2 直流换流站工程

1. 换流站概述

换流站是指在高压直流输电系统中，为了完成将交流电变换为直流电或者将直流电变换为交流电，并使之满足电力系统对于电能质量的要求而建立的站点。

2. 换流站主要电力设备

换流站是直流输电系统中实现交流电与直流电相互转换的场所，按不同的运行方式可以分为整流站与逆变站。整流站是将交流电变换为直流电的电力工程设施，而逆变站是将直流电变换为交流电的电力工程设施。

（1）换流变压器。换流变压器连接在换流站交流母线及换流器交流侧之间，与换流器一起实现交流电与直流电的相互转换。换流变压器容量大、台数多、占地面积较大。一般将换流变压器靠近阀厅布置，换流变压器的阀侧套管直接进入阀厅，以缩短换流变压器与阀厅之间的引线长度，减小直流侧由于绝缘污秽引起的闪络事故概率。换流变压器有三相三绕组、三相双绕组和单相三绕组等形式。如图 1-5 所示为一台单相三绕组换流变压器。

图 1-5 单相三绕组换流变压器

（2）换流器和控制与保护装置。换流站阀厅内安装换流器及其对应的开关设备和过电压保护设备等，控制楼内装有控制与保护装置等。阀厅是一个整体金属屏蔽的封闭建筑物，具有良好的电磁屏蔽性能：一方面抑制换流器运行时产生的高频电磁干扰及限制可听噪声向阀厅外的空间传播；另一方面，屏蔽阀厅外部电磁场对换流阀晶闸管控制单元的电磁干扰。

换流器由三相桥式换流阀电路组成。换流阀是组成桥臂的基本单元设备，由晶闸管阀元件及其相应的电子电路、阻尼回路以及组装成阀组件所需的阳极电抗器、均压元件等通过一定电气连接组成。目前，换流阀主要采用空气绝缘，有支撑式和悬吊式两种安装形式，由于悬吊式安装抗震性能好，目前主要采用悬吊式安装方式。悬吊式换流阀如图 1–6 所示。

图 1–6　悬吊式换流阀

控制与保护装置主要用于实现各换流阀的快速调节，以控制直流线路输送功率的大小和方向，并满足两侧交流电网的运行要求。

（3）交流开关场设备。交流开关场设备包括按主接线要求进行连接的换流站交流侧开关设备、交流滤波器、无功补偿装置、交流电压与电流测量装置、交流避雷器、交流测量装置、站用电源等。

交流滤波器以并联的方式连接于交流母线和换流站接地网之间，在交流母线与换流站接地网之间形成一个低阻抗通路，将阀厅换流器产生的沿交流导线传输的谐波与高频电磁干扰短路，阻止其进入交流线路后形成谐波或无线电干扰。此外交流滤波器还具有向换流器提供部分基波无功功率的功能。

无功补偿装置主要为换流器运行提供所需的无功功率，并保证换流站交流母线电压稳定于允许的范围内。一般采用的无功补偿装置有交流滤波器及无功补偿电容器组、交流并联电抗器、静止补偿器、同步调相机四种形式。

（4）直流开关场设备。直流开关场设备主要包括平波电抗器、直流滤波器、直流避雷器、直流测量装置、直流开关设备、过电压保护装置、远程通信系统等。

平波电抗器以串联方式连接在直流母线和换流器高压直流出线端之间。主要作用有：与直流滤波器共同组成换流站直流侧谐波电流与高频干扰电流的滤波回路；防止直流线路或者直流开关产生的陡坡电压波沿直流导线进入阀厅换流器；对直流电流中的纹波进行平滑处理；对电压过快变化引起的电流变化率进行限制。

直流滤波器以并联方式连接在直流母线与换流站中性线之间，在直流母线与换流站中性线之间形成一个低阻抗通路，将阀厅内换流器产生的沿直流导线传导出来的谐波电流和高频干扰短路，阻止其进入直流线路。

直流避雷器主要用来限制换流站直流侧产生的过电压，主要安装在换流站直流线路进线点处、直流母线处、中性母线处。由于金属氧化物避雷器具有非线性伏安特性好、不需要串联间隙、结构简单等优点，目前主要采用金属氧化物避雷器作为直流避雷器。

直流开关设备包括直流断路器、直流隔离开关、直流接地开关，主要用于换流站直流侧故障的保护切除、运行方式的转换以及检修隔离等。

（5）接地极。接地极及其线路是直流输电系统中的一个重要组成部分，一般设置在距离换流站数十千米处。在双极系统运行过程中，地中无电流，正、极性相反的两个接地极既钳制换流器中性点电位的作用；在双极不对称方式和单极大地回线方式运行时，接地极既起到钳制换流器中性点电位的作用，也为直流电流提供通路。双极直流输电系统示意图如图 1–7 所示。

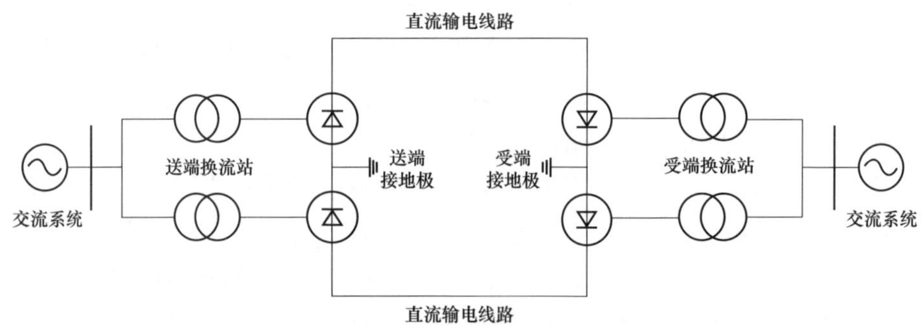

图 1–7　双极直流输电系统示意图

对于单极系统，图 1–8（a）所示的单极大地回流方式，接地极通过中低压线路与换流站连接；图 1–8（b）所示的单极导线回流方式以中低压导线取代大地或海水作为回流电路，只要求回流线路在一端换流站直接接地，以固定直流输电系统各部分的对地电位，避免出现电位浮动，确保设备和线路的绝缘安全。

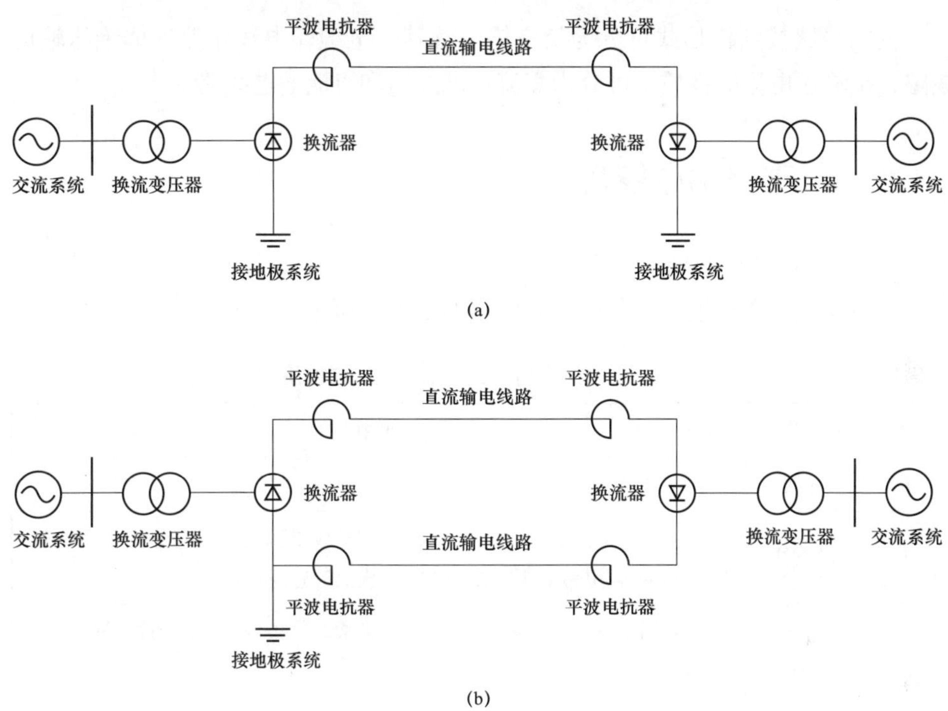

图 1–8　单极直流输电系统大地回流方式与导线回流方式示意图

（a）单极大地回流方式；（b）单极导线回流方式

对于图 1–8（a）所示的单极大地回流方式，经接地极流入大地的直流电流会在大地中产生非均匀分布的电场和磁场，因而对埋设于地下的金属管道、金属设施等产生化学腐蚀，同时也会对接地极附近的地震观测台的大地电场、磁场观测系统产生影响。此外，在海岸线附近或海岛上运行的换流站中，经接地极流入海水的直流电流会在接地极附近的海域产生恒定磁场，可能会对附近海域布设的磁性导航系统产生影响。

对于图 1–8（b）所示的单极导线回流方式，由于大地中无直流电流，该运行方式不会对埋设于地下的金属管道、金属设施等产生化学腐蚀；由于该回流方式不会产生电磁影响，因而也不会影响到接地极附近电磁观测系统的正常运行。但是对于远距离直流输电系统而言，这种回流方式的建设成本会因回流线路的架设而增加。

1.3 输电线路工程

输电线路按结构形式可分为架空输电线路、电缆输电线路及气体绝缘输电线路，按输送电流的性质，可分为交流输电线路和直流输电线路。

1.3.1 架空输电线路

架空输电线路主要由导线、避雷线、绝缘子（串）、线路金具、铁塔、基础、接地装置等部分组成。各部分的作用如表 1–3 所示。

表 1–3 架空输电线路部件名称与作用

编号	名称	作用
1	导线	传导电流，输送电能
2	避雷线	在一定程度上防止雷击导线，并在导线受到雷击时起分流作用，对导线起耦合和屏蔽的作用，降低导线上的感应过电压
3	绝缘子（串）	主要用来支持或悬挂导线，确保正常运行条件下导线与铁塔间不发生闪络
4	金具	金具是输电线路所用金属部件的总称，用于悬挂、固定、保护、接续架空线或绝缘子
5	铁塔	支撑架空线路和架空地线及其他金具，并使导线与导线之间、导线和架空地线之间保持一定的安全距离
6	接地装置	接地装置由接地体和接地引下线组成，其作用主要是将过电压产生的电流引入大地，保证线路具有一定的耐受过电压的能力

架空输电线路导线多采用钢芯铝绞线，其具有机械强度高、质量轻、价格便宜等特点，按铝、钢截面比的不同，单根的钢芯铝绞线可分为正常型（LGJ）、加强型（LGJJ）、轻型（LGJQ）三种。在高压输电线路中，多采用正常型；在超高压线路中，多采用轻型；在机械强度要求较高的应用场景（如大跨越、重冰区等），采用加强型的较多。此外，对于更为特殊的应用场合，在单根钢芯铝绞线的基础上改进得到的 5 种特殊用途的导线及特点如表 1–4 所示。

表 1–4　　架空输电线路特殊导线类别及特点

编号	名称	特点
1	大档距导线	具有较高抗拉强度，多采用过硅铜线、镀锌钢线等
2	防腐蚀导线	适用于跨海输电情形及高污秽度地区，多采用钢线镀铝及钢芯涂油工艺
3	自阻尼导线	内芯线与外层线间设有空气间隙，可不增设额外的防振措施
4	光滑导线	线径较小且外表面光滑，可减少承受的风荷载与冰荷载
5	分裂导线	多用于超高压及以上电压等级输电线路，具有表面电位梯度小、临界电晕电压高的特点

对于架空线路中的绝缘子，依据结构形式可分为针式绝缘子、蝶式绝缘子、棒式绝缘子及拉线绝缘子等；依据制造材质可分为瓷质绝缘子、钢化玻璃绝缘子与复合绝缘子，如图 1–9 所示。

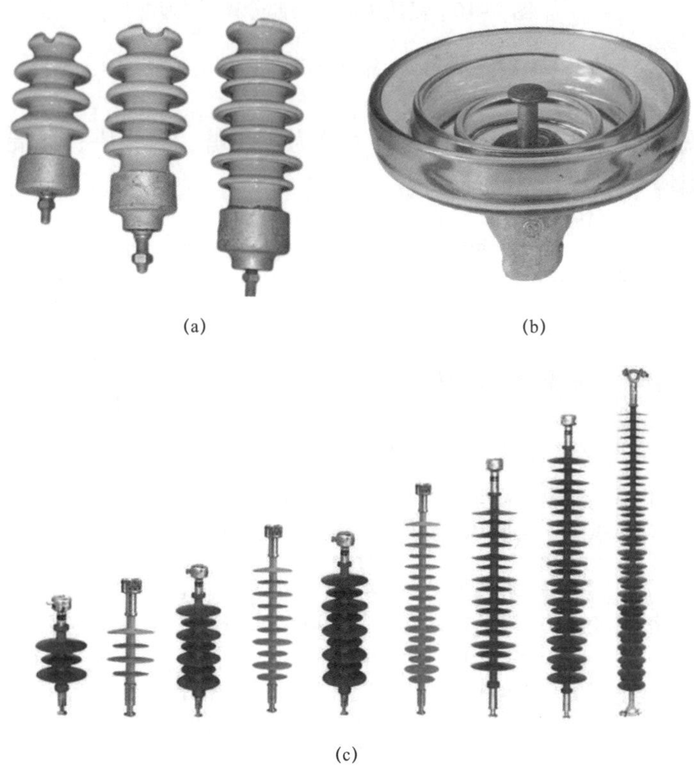

(a)　(b)

(c)

图 1–9　不同材质绝缘子

（a）瓷质绝缘子；（b）钢化玻璃绝缘子；（c）复合绝缘子

复合绝缘子相比于传统的瓷绝缘子和玻璃绝缘子具有强度高、质量轻、湿闪及污闪电压高、运行维护简便、不易破碎、可资源化利用等优点，因而得到广泛应用。

铁塔按塔头类型可分为酒杯形、猫头形、干字形、伞形、鼓形、门字形、上字形等，部分铁塔如图 1–10 所示。

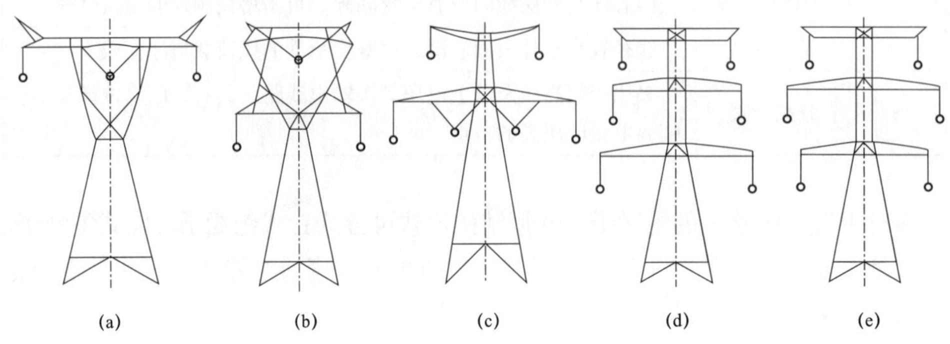

图 1–10　高压输电线路部分铁塔类型

（a）酒杯形；（b）猫头形；（c）干字形；（d）伞形；（e）鼓形

按照铁塔在输电线路中的用途，可分为直线塔、耐张塔、终端塔等。对应作用及结构特点如表 1–5 所示。

表 1–5　架空输电线路铁塔类型、作用与结构特点

标号	名称	作用	结构特点
1	直线塔	承受导线重力和风压	结构简单，材料消耗量小，造价低
2	耐张塔	锚固导线、限制线路故障范围、方便施工与检修，除承受导线重力和风压外，还承受导线张力，大多数兼有转角的作用	强度要求高，结构复杂，钢材消耗量大，造价高
3	终端塔	输电线路进变电站的最后一基铁塔或出变电站的第一基铁塔，两侧承受张力不均衡，一般线路侧高于变电站侧	材料消耗量大、造价高

典型的输电线路“直—耐—直”转角结构如图 1–11 所示。

图 1–11 输电线路“直—耐—直”转角结构

对于图 1–12 所示的铁塔基础，其组成部分名称及作用如表 1–6 示。

图 1–12 铁塔基础示意图

表 1–6 架空输电线路铁塔基础组成及作用

编号	名称	作用
1	铁塔基础（含地脚螺栓）	埋设于地下，与铁塔底部连接，稳定承受载荷作用
2	基础保护帽	保护地脚螺栓及塔底部主材
3	基础排水沟	保护铁塔基础不被雨水冲刷
4	基础挡土墙	支承铁塔基础填土或山坡土体，防止填土或土体变形失稳

1.3.2 电缆输电线路

电缆输电线路是采用电缆输送电能的输电线路，一般敷设在地下或水下，也有架空敷设的电缆线路。电缆线路主要由电缆本体、电缆附件等组成，其中电缆附件包括电缆终端、中间接头、充油电缆供油系统、电缆护层保护器等，而相应的附属设施包括电缆沟、电缆排管、电缆竖井、电缆隧道等，隧道电缆线路工程如图 1–13 所示。

图 1–13 隧道电缆线路工程

电缆主要由导体、绝缘、屏蔽和护层等四个基础结构层组成，常见的交联聚乙烯电缆结构如图 1–14 所示。电缆附件中作为电缆线路组成部分的电缆终端、中间接头，必须确保电缆的四个结构层分别得到延续，并且确保导体连接良好、绝缘可靠、密封良好及机械强度达标，以保证整个电缆网络的供电可靠性。

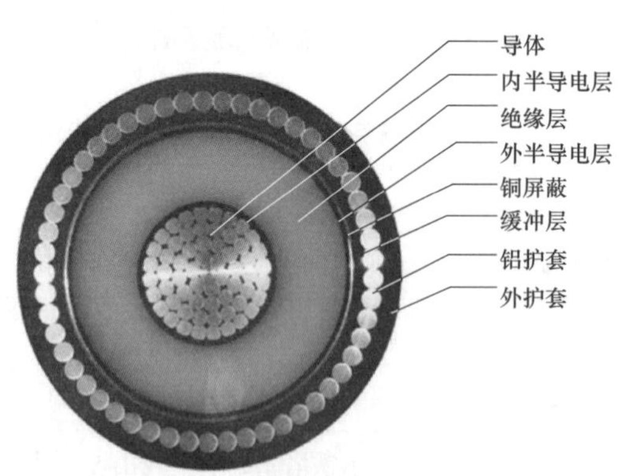

图 1–14 交联聚乙烯电缆结构

由于铺设于地下的电缆在安全性与可靠性方面远高于架空线路，且铺设沿线对城市既有及新增景观不构成影响，越来越多的架空线路逐步被电缆线路取代，一些经济较发达城市的架空线路已部分或全部改为电缆线路。

1.3.3 气体绝缘金属封闭输电线路工程

气体绝缘金属封闭输电线路（Gas Insulated Metal Enclosed Transmission Line，GIL），是一种新型的输电线路，组成GIL的模块单元一般包括直线单元、弯曲单元、偏转单元、交叉单元与T型分支单元。各单元内部一般配置有隔离绝缘子和支撑绝缘子两种绝缘子，其中隔离绝缘子一般为盆式或圆锥形绝缘子，主要起隔离气体和支撑导体的作用，而支撑绝缘子只起支撑作用。GIL直线单元内部结构如图1-15所示。

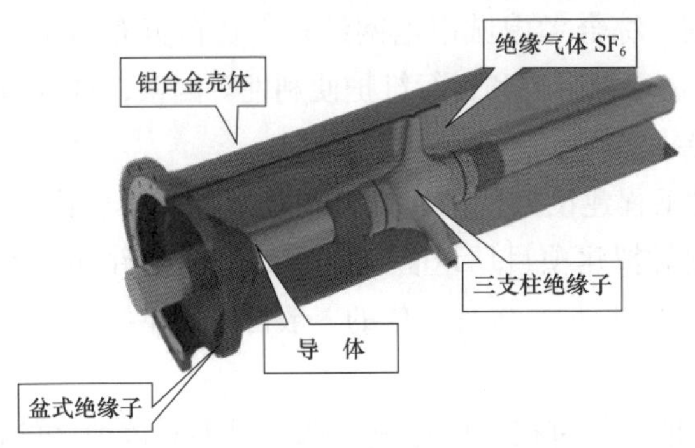

图1-15 GIL直线单元内部结构

GIL线路的技术基础源于气体绝缘封闭母线，多采用SF_6作为绝缘介质，外壳与导体同轴布置，与GIS具有相似的电气性能。与架空输电线路相比，GIL具有占用空间小、受环境影响小的优势；而与常规高压电缆相比，GIL又具有输送容量大、损耗小、无绝缘老化、适于垂直落差较大的场合等优势。随着电力系统对输电线路可靠性要求的提高，布置灵活的GIL可以替代架空输电线路，成为一种在极端环境下或廊道空间受限情况下安全可靠的电能输送方式。

由于GIL的安装方式通常采用直埋于地下或者隧道安装，不影响外部自然景观，且由于外壳的屏蔽作用，GIL周围外部空间的电场几乎为零，因而GIL具有电磁环境友好的特点。

1.4 输变电工程的选址选线

输变电工程在设计时，需综合考虑其经济性、安全性、可靠性以及与周围环境的协调性等多方面的因素。因此，对输变电工程选址选线技术方案的科学性、合理性的研究和论证极为重要。本章主要介绍选址选线工作的技术原则和依据，结合相关法律法规和技术规章要求，综合评价选址选线方案的优劣，并对选址选线常用的技术方法进行介绍。

1.4.1 变电站（换流站）选址基本要求

变电站（换流站）站址的选择是为了找出最优的工程建设地点，评估时应结合城市电网规划，综合考虑城市电网结构、负荷分布情况、土地利用规划、交通运输情况、周边环境影响和运行维护便利性等因素，选取最佳建设方案。

1.4.1.1 选址原则

站址选择是对工程建设条件的研究，在技术经济学理论当中，一般称作厂址选择问题。通过对拟建项目厂址备选方案的经济条件和技术条件进行分析，综合评价后确定最优的厂址。选址工作的一般性原则主要有以下几点：

1. 安全性原则

地形地貌对选址工作有很大的影响，选址时要对该地区的地质灾害情况进行统计，应与断层、滑坡、塌陷、溶洞等不良地质区域保持足够的安全距离，同时还应远离湖泊水域和有造成土质污染的污染源存在的地区，且不宜选在有矿藏分布的地区，避免压覆矿。站址应避免受到洪涝灾害的影响，要提前对站址附近的气候和水文地质条件进行勘察，若存在安全隐患，且其他备选站址也不满足要求，应预先加设防护措施。

在企业厂区、工业园区内部建设变电站时，选址应位于厂区、园区常年主导风向的上风向，远离堆放易燃易爆品的区域，避开粉尘聚集和生产、存放纤维的区域，避免燃爆事故的发生，与集中作业区保持安全距离。

2. 经济性原则

在选址时应对工程的成本和投资回收情况进行充分分析。在选址时应尽量选择负荷中心或者距离负荷中心较近的区域，这样既可以降低工程建设的投资成本，又可以减少电能在传输过程中的损耗，节约维护工作的成本，从而提高经济效益，缩短投资回收周期。

3. 便捷性原则

在变电站（换流站）建设和运行过程中，为方便建材和设备运输、节约运输成本、方便运检和事故应急处置，一般选址在产业聚集区或临近公路的交通便捷区域。

4. 节约用地原则

节约用地应在保证供电设施安全经济运行、方便维护的前提下，采用新技术、新设备、新材料、新工艺，通过技术革新，结合供电设施必要的技术条件和功能要求、当地城乡规划和工程总投资，合理选择变电站布局方式和类型或优化原有设备的布置方式，以达到节约用地和成本的目的。

5. 规划一致性原则

开展新建变电站（换流站）的选址研究时，要结合区域发展的远期规划、所处地块的国土空间规划、与生态保护红线保护区的相对位置等。其中位于产业集聚区和工业区的站址、有规划环评的区域还应与规划环境影响评估要求保持一致。如果选址不符合城乡发展规划的要求，将导致更换站址或线路重新设计，增加建设投资费用，延长建设周期。

6. 环境保护最优原则

实现环境保护、减少建设过程中的污染排放是科学发展的内在要求和绿色可持续发展的基础。变电站施工过程中产生的噪声、扬尘和运行过程中产生的电磁场、噪声、生活废水以及废弃物，是电网建设项目环境污染的主要来源，并且容易引发邻避效应，造成附近居民对变电站（换流站）的建设进行阻挠，从而影响项目顺利建成落地，并且存在环境保护法律风险。

从公众卫生防护和可持续发展战略角度出发，站址的选择应充分考虑与国家产业政策、环境保护规划和生态建设规划的相符性。对于位于乡村的变电站（换流站）站址，在选址时应充分调查是否避让了自然保护区、饮用水水源保护区、重要生态功能区、基本农田等环境敏感区域。对于位于城市的变电站（换流站）站址，在选址时应充分调查是否避让了居住区、文教区，结合变电站所在区域的功能区类型，选择合理的布置方式，强制其各类污染物排放值满足相关标准要求，如无法避让则在设计时应考虑进一步优化变电站的布置方式和环保措施，最大限度地降低其环境影响。

7. 其他因素

变电站选址在可行性研究阶段，还要充分考虑站址区域地下的矿藏分布情况，有无压覆矿现象，地下是否存在文物和自然及历史遗迹；站址周边空气质量状况，是否存在严重污秽情况影响设备安全运行；临近水源情况及地下水埋深，以方便生活用水和消防用水的取水需求。综合各方面的需求，充分评估选址可行性。

1.4.1.2 选址依据

变电站（换流站）的选址涉及区域电网的电源布局，对电网的规划产生直接影响，关系到整个电网运行的稳定性、可靠性。为有效利用资金，减少电能在输送过程中的损耗，增强电力调度的灵活性，科学地规划电源布局、合理选址是非常必要的。

1. 建筑及设备安全因素

在对变电站站址进行经济技术分析时，从建筑及设备安全角度考虑，对选址区域内的水文气象条件、水文地质与水资源条件、工程地质条件以及周围环境等因素均要进行综合评估。

（1）水文气象条件。在开展选址工作时，水文气象资料的收集分析应包括以下两点：

1）水文条件。对站址所在区域水文资料的收集分析，是变电站防洪防涝设计的重要技术手段和设计依据。选址设计时应说明站址处的洪（涝）水位和历史最高内涝水位，并对站址区域洪水淹没、内涝及排水情况进行分析论述。

《防洪标准》（GB 50201—2014）将变电设施的防护等级按电压等级分为三级，不同电压等级的防护级别按照表 1-7 确定。

表 1-7　　变电设施的防护等级和防洪标准

防护等级	电压（kV）	防洪标准［重现期（年）］
Ⅰ	$U \geqslant 500$	$\geqslant 100$
Ⅱ	$220 \leqslant U < 500$	100
Ⅲ	$35 \leqslant U < 220$	50

《变电站总布置设计技术规程》（DL 5056—2016）规定，变电站的站区场地设计标高应根据变电站的电压等级确定。220kV 枢纽变电站及 220kV 以上电压等级的变电站，站区场地设计标高应高于概率为 1% 的洪水水位或历史最高内涝水位；其他电压等级的变电站站区场地设计标高应高于概率为 2% 的洪水水位或历史最高内涝水位。

当站区场地设计标高不能满足上述要求时，可区分不同的情况分别采取以下三种不同的措施：①对场地标高采取措施时，场地设计标高应不低于洪水水位或历史最高内涝水位，一般采用全填土方案，使整个场地满足防洪要求，土方用量较大；②对站区采取防洪或防涝措施时，防洪或防涝设施标高应高于上述洪水水位或历史最高内涝水位标高 0.5m，多采用防洪墙方案，造价较高；③采取可靠措施，使主要设备底座和生产建筑物室内地坪标高不低于上述最高水位。一般是抬高主要设备底座和生产建筑物室内地坪标高，站内少填土或不填土，经济性较好。

沿江、河、湖、海等受风浪影响的变电站，防洪设施标高还应考虑概率为 2% 的风浪高和 0.5m 的安全超高。变电站站内场地设计标高宜高于或局部高于站外自然地面，以满足站区场地排水要求。

2）气象条件。对工程所在区域附近气象观测站的资料进行收集，包括气温、湿度、气压、风速及风向、年平均降水量、冰雪、冻土深度等，经分析提出该区域的气象特征，是站址选择的重要依据，设计时还应为极端天气情况下预留设计裕度。

随着大气环境的不断恶化，空气污染的日益加剧，使得大量的污秽聚集于电气设备表面。当遇到雨水、露、雾等潮湿的气象环境，电气设备表面的绝缘强度可能降低到临界电压水平以下，引发闪络跳闸。因此，选址应该尽量远离各种污染源，特别是钢铁厂、化工厂和冶金厂等重污染企业。如果选址无法远离污染源，则应将站址选择在各种污染源常年主导风向的上风向，这样能有效减少污染物在电气设备表面的附着。

污染程度与污染源的距离等因素有关，根据运行经验，户外配电装置与各类污染源之间的最小距离可参考表 1-8 所列数据，在条件允许的情况下尽量远离。

（2）水文地质与水资源条件。水文地质与水资源资料的收集应包括含水层的岩性、厚度、分布规律、渗透系数、出水量等地下水埋藏情况。在收集地区性水文地质与水资源资料的基础上，结合备选站址具体位置进行分析研究。当水文地质条件复杂，供水水源较难确定时，需要进行水文地质勘探，有条件时还应观察地下水位，对水样进行水质分析，以便分析判断供水水源的可靠性。

变电站用水包括生产生活用水和消防用水，水源包括城市自来水水源、地表水水源和地下水水源。在选择水源时，首要考虑的问题是水量充沛，其次是水质，其他还包括取水、输水设施简单可靠，施工、运行管理与检修方便，尽量减少或避免与农业用水发生矛盾。

表 1-8 户外站选址与污染源防护间距

污染源	主要污染物	危害情况	防护间距（km）
钢铁厂	二氧化硫	大量排放时，在潮湿空气中可造成电气设备绝缘事故	0.6~1.0
铝氧厂	氧化钠、氧化钙	黏附性较大，呈碱性，遇水凝结成水泥状，危害瓷绝缘，造成绝缘闪络事故	2.0
电解铝厂	氟化氢、金属粉尘	氟化氢遇水形成氢氟酸，具有导电性和腐蚀性；金属粉尘易引起绝缘闪络事故	2.0
金属冶炼厂	二氧化硫、金属粉尘	二氧化硫大量排放时，在潮湿空气中可造成电气设备绝缘事故；金属粉尘易引起绝缘闪络事故	0.6~1.0
水泥厂	氧化钙、粉尘	遇水结垢，不易清除，危害瓷绝缘	0.5
化工厂	二氧化硫、二氧化氮、氯气等	遇潮湿形成酸碱溶液，在瓷绝缘表面形成导电性薄膜，破坏绝缘强度造成闪络	0.5~0.8

（3）工程地质条件。工程地质条件的判定是在对站址区域地质构造、岩性、地质条件等进行勘察的基础上，对站址的稳定性做出的评估。选址阶段的工程地质勘察内容主要是判断站址稳定性和选址可行性，评估内容应包括以下几点：

1）站址区域内的地震活动情况、震动参数、地震基本烈度和地质构造。

2）站址处的地形地貌特征、地层结构、岩土层的主要设计参数、土壤类别、地下水类型、埋藏条件和变化规律。

3）站址处是否存在不良地质现象，如存在则需判断其危害程度和发展趋势，并提出防治措施。

4）站址区域的土壤电阻率。

总结以往工作经验，在选址时结合地质勘探的评估结果，还应着重避让表 1-9 所列的 5 类不适宜选址的地区。

表 1-9 选址避让区域

序号	避让区域	避让原因
1	活动断层和地震烈度Ⅸ度以上地震区	断层及地震区域使建筑物极易遭受破坏

续表

序号	避让区域	避让原因
2	不良地质发育地段	存在崩塌、大面积滑坡、泥石流、地裂和错位等不良地质现象，容易造成危害
3	地下有矿藏、采空塌陷区或人工洞穴	影响矿产开采，且容易发生塌陷
4	对建筑有危害、威胁的不利地段	可能出现地裂、错动、洪水、泥石流等危险的区域，使建筑和设备安全受到威胁
5	岩溶和土洞发育、地面有可能塌陷，以及可溶岩表面起伏变化的特殊地段	防止施工引发地质灾害

（4）周围环境。在变电站规划选址时，从建筑物和设备安全角度考虑，除站址处的防洪涝、抗震因素之外，还应注意站址周边的环境因素，避免与邻近设施之间的相互影响，避开火灾、爆炸及其他敏感设施。

《35kV~110kV 变电站设计规范》（GB 50059—2011）、《220kV~750kV 变电站设计技术规程》（DL/T 5218—2012）、《±800kV 直流换流站设计规范》（GB/T 50789—2012）以及《1000kV 变电站设计技术规范》（Q/GDW 1786—2013）对变电站选址周边环境有如下要求：

1）站址选择时应注意变电站与邻近设施、周围环境的相互影响和协调，必要时应取得有关协议；

2）站址距飞机场、导航台、地面卫星站、军事设施、通信设施的距离应符合现行有关国家标准的规定；

3）对于为机场、卫星站等重要设施供电的变电站及输电线路，可采用优化布置方式（户内或地下变电站）、地埋电缆和加装屏蔽措施来进一步降低影响。

按照《架空电力线路、变电所对电视差转台、转播台无线电干扰防护间距标准》（GB 50143—2018）的规定，变电站选址与通信设施的防护间距还需满足表 1–10 要求的防护间距要求。

表 1–10　变电站与通信设施防护间距

序号	变电站电压等级（kV）	防护间距（m）
1	110	1000
2	220~330	1300

续表

序号	变电站电压等级（kV）	防护间距（m）
3	500	1800
4	750~1000	2300

2. 技术经济因素

变电站在规划选址时，首先要结合本地区的城乡电网规划，系统论证有关电网的区域范围、电源结构、发电量、用电量、最高负荷及负荷特性、电网间送受电情况、主网架结构及与周边电网的联系、电网输变电设备总规模、地区电网变电容量容载比等情况。在此基础之上，进行负荷预测分析，论证项目建设的必要性，通过科学计算校核，进行多方案技术经济比较，提出新建变电站的站点位置区域，在此范围内寻找可供建站的场地，进行站址初选。

根据《城市电力规划规范》（GB/T 50293—2014）要求，在城市总体规划中按各类建设用地的功能、用电性质来划分负荷类别进行负荷预测，是取得比较满意预测结果的主要负荷分类方法，按产业用电分类则可以使负荷预测简便。第一产业用电为农、林、牧、副、渔、水利业用电；第二产业用电为工业、建筑业用电；第三产业用电为第一、第二产业用电以外的其他产业用电；居民生活用电指住宅用电。

城市总体规划阶段的电力规划负荷预测宜包括市域及中心城区规划最大负荷、市域及中心城区规划年总用电量、中心城区规划负荷密度。城市详细规划阶段电力规划负荷预测宜包括规划范围内的最大负荷、负荷密度。

在城市电力负荷预测中，应首先确定一种主要的预测方法，然后再用其他预测方法进行补充、校核。根据区域电网用电负荷的特性来确定负荷同时率的大小。

城市电力负荷预测方法的选择需符合下列规定：

（1）城市总体规划阶段电力负荷预测方法，宜选用人均用电指标法、横向比较法、电力弹性系数法、回归分析法、增长率法、单位建设用地负荷密度法、单耗法等。

（2）城市详细规划阶段的电力负荷预测方法，一般负荷（均布负荷）宜选用单位建筑面积负荷指标法等；点负荷宜选用单耗法，或由有关专业部门、设计单位提供负荷、电量资料。

由于每种预测方法的预测模型都是建立在限定的条件下，所以都有一定的局限性。回归分析法、增长率法、弹性系数法，主要是根据历史统计数据进行分析，从而建立的预测数学模型，多用于城市的总用电负荷或校核中远期的规划负荷等宏观预测，这些方法可以同时应用，并相互进行补充校核；负荷密度法、单耗法适用于分类的局部预测，并用横向比较法进行校核、补充。在城市详细规划阶段，对局部范围的负荷预测（如地域范围较小的居住区、工业区等）则多采用单位建筑面积负荷指标法。

表 1–11~ 表 1–13 为标准推荐使用的负荷预测指标，当采用人均用电指标法或横向比较法预测城市总用电量和人均居民用电量时，用电量计算指标可参考表 1–11。

表 1–11 人均用电量指标

城市用电水平分类	人均综合用电量 [kWh/(人 · a)]		人均居民生活用电量 [kWh/(人 · a)]	
	现状	规划	现状	规划
较高	4501~6000	8000~10000	1501~2500	2000~3000
中上	3001~4500	5000~8000	801~1500	1000~2000
中等	1501~3000	3000~5000	401~800	600~1000
较低	701~1500	1500~3000	201~400	400~800

当采用单位建设用地负荷密度法进行负荷预测时，其规划单位建设用地负荷指标宜符合表 1–12 的规定。

表 1–12 规划单位建设用地负荷指标

建设用地类别	单位建设用地负荷指标（kW/hm^2）
居住用地（R）	100~400
商业服务业设施用地（B）	400~1200
公共管理与公共服务设施用地（A）	300~800
工业用地（M）	200~800
物流仓储用地（W）	20~40
道路与交通设施用地（S）	15~30
公用设施用地（U）	150~250
绿地与广场用地（G）	10~30

当采用单位建筑面积负荷密度指标法时，其规划单位建筑面积负荷指标宜符合表 1–13 的规定。

表 1–13　　规划单位建筑面积负荷指标

建筑类别	单位建筑面积负荷指标（W/m^2）
居住建筑	30~70（或 4~16kW/ 户）
公共建筑	40~150
工业建筑	40~120
仓储物流建筑	15~50
市政实施建筑	20~50

特殊用地及规划预留的发展备用地负荷密度指标的选取，可结合当地实际情况和规划供能要求，因地制宜确定。

换流站选址原则大体上与变电站选址相同。不同的是换流站内同时包含交流变电设备、直流变电设备和交直流转换设备，有占地面积大、设备分布广、设备噪声大、进出线路多等特点，一般选址在城市边缘地带或乡村的开阔地带，周边运输条件好且远离人员密集区。高压直流设备较高压交流设备更容易积污，在相同的污秽水平下，直流污闪电压低于交流污闪电压。因此，换流站在选址时需更加重视外部污秽环境对设备外绝缘的影响。由于换流站中存在大量冷却设备，对用水量需求较大，除生活用水和消防用水外还需要有冷却用水，因此换流站附近需要有可靠的取水水源。

直流接地极地下存在直流电流，会对地下的输油输气等金属管道、带金属护层的电缆等金属设施产生影响，部分电流会通过金属导体进行分流，造成金属导体的腐蚀。因此直流线路接地极的选址还应考虑对地埋管道的影响。

我国针对高压直流输电系统对地下金属管道等设施的干扰限值进行了规定。《高压直流输电大地返回运行系统设计规定》（DL/T 5224—2005）规定：当直流接地极对附近埋地金属管道的最小防护距离小于 10km 或受影响的管道段泄漏电流密度大于 $10mA/m^2$ 时，应评估接地极对管道等造成的不良影响，必要时应当采取一定的防护措施；《高压直流接地极技术导则》（DL/T 437—2012）规定：未遭腐蚀或干扰的接地极的金属埋设物土壤电位（相对铜—硫酸铜电极电位）处于 –1.50 ~ –0.85V 时，埋地金属管道等设施不会受到接地极的干扰而产生腐蚀，当土壤电位超出这一范围时，应当评估管道所受的干扰风险。

1.4.1.3 选址评价

由于变电站（换流站）站址选择涉及的专业学科比较多，选址影响因素复杂，其位置及容量的确定既要考虑负荷的分布情况，又要考虑整个电网的结构，其布局好坏直接影响供电网络的结构是否合理，它关系到整个电网建设的经济性和运行的可靠性。

在选址阶段，还要充分结合站址处的水文气象条件、水文地质与水资源条件、工程地质条件以及周围环境的有关规定综合进行经济技术分析。根据所在位置的功能区划分，优化布置方式和进出线方式，在满足相关法律法规要求和安全运行要求的前提下，尽可能减小对周边环境的影响。因此，需针对意向站址进行综合评估，选择最优地点进行项目建设。在选址过程中分为规划选址和工程选址两部分，设计单位根据工作内容，编制选址报告书进行综合分析，以供决策。建议设计人员可按照表 1–14 所列的工作内容，作为站址评估的参考。

表 1–14　　选址评估工作内容

<table>
<tr><th>项目名称</th><th>规划选址</th><th>工程选址</th></tr>
<tr><td>建站必要性</td><td colspan="2">根据电力系统现状和负荷发展预测，叙述变电站在系统中的作用，提出主变压器容量设置和进出线规模规划</td></tr>
<tr><td>站区特征</td><td colspan="2">说明站址所在地的地理位置及站址情况，站址与工矿区、城乡规划设置、居民区等的距离和方位，站址区域附近地形、地貌、占地面积、土地性质、拆迁、生活、交通条件等</td></tr>
<tr><td>水文气象条件</td><td>叙述百年一遇和五十年一遇洪水水位、场地标高、防洪和排水措施；常年气温、风速和覆冰情况</td><td>说明百年一遇和五十年一遇洪水水位、场地标高、防洪和排水的详细措施；站址所在区域的常年气温、风速和覆冰等情况，周围污染企业的类型、分布情况和位置及距离，主要排放物，污秽等级和绝缘选择情况</td></tr>
<tr><td>水文地质与水资源情况</td><td>叙述站址区域地下含水层的岩性、厚度、分布规律、渗透系数、出水量等情况，对周围水资源分布情况与取水方式进行论述</td><td>说明含水层的水文地质条件和特征参数，论述其对工程建设的影响。当取水为地面水时，应结合水文气象报告；当取水为地下水时，应提出水文地质勘查报告，详述水源地理位置，可取水量和必要的水质分析、抽水试验资料以及地方和水利等有关部门的意见和要求</td></tr>
</table>

续表

项目名称	规划选址	工程选址
工程地质条件	叙述该地区的地质构造、工程地质，对站址的稳定性和适宜性做出初步评价，并指出需查清和解决的主要问题	说明该地区的地质构造、工程地质，在进行必要的工程地质勘察基础上提出站址的工程地质勘查报告。如有不良地质现象，应查明其成因、分布范围及对站址稳定性的影响。当地震烈度为Ⅶ度或Ⅶ度以上时，应说明其对站址的影响。如有站址压覆矿时，应确切说明压矿的类型、深度，建站对开采的影响
交通运输	叙述进站公路的接引条件，专用公路长度等交通条件	说明进站公路的接引条件，专用公路长度等交通条件。涉及大件运输所引起的桥梁、涵洞改造和加固费用的估算
施工条件	叙述施工场地、用电、用水、地方建材等情况	说明施工场地、用电、用水、地方建材、劳动力等情况，以及施工对投运时间、投资的影响
进出线走廊	叙述进出线条件、方向，并保证走廊有足够的宽度	说明出线条件、方向，并保证走廊有足够的宽度，阐述进出线回路数
环境保护	根据国家环境保护法规的有关规定，结合站址地形等条件，叙述建站的适宜性和限制条件	在环境影响中，说明建站的适宜性及污染物排放情况和污染治理措施，说明环境影响情况
特殊要求	如有军事设施、名胜古迹、易燃易爆物、通信干扰、输油气管线、采石场、压矿等特殊情况时，需加以叙述和说明	

图 1–16 为变电站选址方案比选示例。图中所示的选址区域位于负荷中心附近，其中有规划教育用地 1 处、规划居住用地 1 处，现有居民区 1 处，饮用水水源保护区 1 处，景观区 1 处，体育场与图书馆、科技馆等公共场馆区域 2 处。备选站址 4 处均避开了饮用水水源保护区和居住区、文教区，且均处于交通便捷地带，靠近负荷中心；备选站址区域地形地貌平缓，地表无可见文物，无建（构）筑物需要拆迁；经初步探查地下无文物和历史遗迹，无压覆矿现象；站址区域不在洪水淹没区，无不良地质现象；附近有市政供水管道，取水方便。

站址①所处位置施工条件良好，附近无军事和通信设施，土地性质为建设用地，进出线方便；站址②基本条件与站址①相似，但是位于饮用水二级水源保护区内，进出线走廊受限；站址③与站址①隔路相对，各项工程指标一致，但临近居民区，且周围地块为规划居住用地，易引发邻避效应；站址④各项指标良好，但需占用一部分景观用地。综合比较各备选站址优、缺点后，选择站址①为变电站推荐站址。

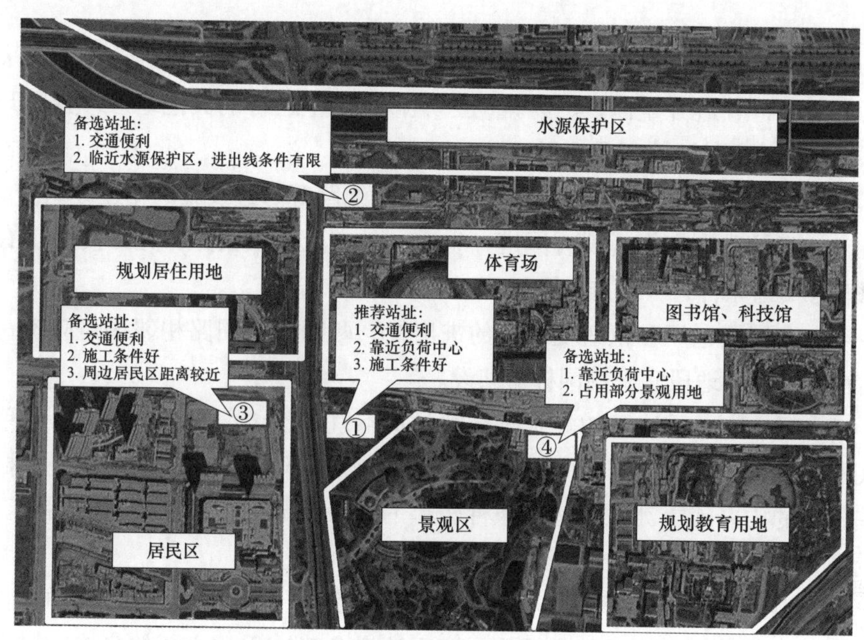

图 1-16　变电站选址方案比选示例

1.4.2　输电线路选线基本要求

路径选择的目的是在电源布点之间综合考虑，选出最优的走线方案。其要求符合电网现状和未来发展趋势，符合地方规划，技术可行、经济合理、有利于环境保护。路径选择时还需注意社会和谐因素，少占土地，避让重要敏感区域，与沿线各跨越处满足电气安全距离，跨越水体时满足相关规定。

1.4.2.1　架空线路的选线要求

1. 架空线路的选线原则

《110~750kV 架空输电线路设计规范》（GB 50545—2010）、《±800kV 直流架空输电线路设计规范》（GB 50790—2013）和《1000kV 架空输电线路设计规范》（GB 50665—2011）中对架空输电线路路径选择都有明确的要求，可归纳为以下几点：

（1）路径选择宜采用卫片、航片、全数字摄影测量系统和红外测量等新技术；在地质条件复杂地区，必要时宜采用地质遥感技术；综合考虑线路长度、地形地貌、地质、冰区、交通、施工、运行及地方规划等因素，进行多方案技术经济比较，做到安全可靠、环境友好、经济合理。

（2）路径选择应避开军事设施、大型工矿企业及重要设施等，符合城镇规划。

（3）路径选择宜避开不良地质地带和采动影响区，当无法避让时，应采取必要的措施；宜避开重冰区、易舞动区及影响安全运行的其他地区；宜避开原始森林、自然保护区和风景名胜区。

（4）路径选择应考虑与电台、机场、弱电线路等邻近设施的相互影响。

（5）路径选择宜靠近现有国道、省道、县道及乡镇公路，充分使用现有的道路改善交通条件，方便施工和运行。

（6）大型发电厂和枢纽变电站的进出线、两回或多回路相邻线路应统一规划，在走廊拥挤地段宜采用同杆塔架设。

（7）轻、中、重冰区的耐张段长度分别不宜大于10、5km和3km，且单导线线路不宜大于5km。当耐张段长度较长时应采取防串倒措施。在高差或档距相差悬殊的山区或重冰区等运行条件较差的地段，耐张段长度应适当缩短。输电线路与主干铁路、高速公路交叉，应采用独立耐张段。

（8）山区线路在选择路径和定位时，应注意控制使用档距和相应的高差，避免出现杆塔两侧大小悬殊的档距，当无法避免时应采取必要的措施，提高安全度。

（9）有大跨越的输电线路，路径方案应结合大跨越的情况，通过综合技术经济比较确定。

涉及外部条件的环境影响评价、水土保持方案、压覆矿产评估、地质灾害评估、文物调查及评估、河势分析及防洪影响评估、地震安全性评价等工程前期工作都需遵守相关的法律法规及行业标准。输电线路设计中路径选择应尽量避开森林、绿化区、农田等，减少为架设线路而造成的植被破坏、林木砍伐以及对沿线建筑物的拆迁，以免对自然环境以及人民生活造成较大影响。路径优化原则是指对路径的优化选择，采用另行选线、增加转角塔等方法避让一些环境敏感区，尽量避开城镇规划区、开发区、居民区、军事设施、大型采石场、机场、火车站等重要区域及复杂区域。

输电线路路径选择还要充分考虑运行安全的要求，防止安全事故的发生。选线阶段需根据沿线经过区域，进行实地调查。如输电线路的重要跨越点的选择、大气污染对输电线路的影响等。

2. 架空线路选线步骤

（1）气象资料收集。架空输电线路长期暴露在地面，其所受的机械荷载随着气象条件不断变化。机械荷载不但影响输电线路自身的长度、弧垂和张力，同时还决定杆塔的受力和带电部分与各方面的安全距离。通常所说的气象条件是指风速、气温、湿度、雷电、覆冰等与电气强度和机械强度有关的气象参数，其中风速、气温和覆冰厚度在设计上称之为气象条件三要素。

（2）初勘选线。初勘选线分为图上选线、资料收集和现场踏勘三部分。

一般在比例为 1 : 50000 或者 1 : 100000 的地形图上标出线路起点、终点以及必经点的位置，避开城市规划区、军事设施、水利设施、地下矿产资源、文物保护区、林区、通信设施等区域，综合考虑地形地貌和交通条件等因素后，设计出 1~3 个备选方案，经充分地调查和技术经济比较，收集沿线涉及单位的协议文件后，确定出推荐方案。

对于长距离的输电线路（通常为 50km 以上线路）或环境复杂、通道紧张、同区域多条线路累计超过 50km 的线路，宜采用航空摄影或卫星图像技术进行选线。路径方案的比较内容需包括表 1–15 所列内容。

表 1–15　路径方案比较

序号	项目	比较内容
1	路径参数	线路长度和曲折系数
2	地形地貌	各地形所占百分比和沿线地面附着物分布
3	水文条件	设计洪水位、洪涝区基础；河流跨越安全距离和基础
4	气象条件	设计风速、气温和覆冰厚度
5	地质条件	水文地质及水资源、工程地质特征
6	交叉跨越	沿线河流、铁路、等级公路、高速公路、电力线缆、油气管道、通信线路的跨越次数，跨越措施和费用比较
7	交通及施工条件	沿线运输条件，人力和运输工具的运距；施工及维护的难易程度
8	军事设施和通信干扰	是否避让军事设施，沿线是否存在通信干扰，干扰程度以及防护措施
9	环境保护	是否避让自然保护区、风景名胜区、世界自然与文化遗产地、饮用水水源保护区、基本农田保护区、林区、文物保护区、矿区、学校、医院等人员密集场所，防护间距是否满足相关标准要求

续表

序号	项目	比较内容
10	其他	是否符合规划，符合安全运行要求，涉及各部门、单位的协议取得难易情况；沿线社会和谐因素

初勘选线现场踏勘阶段需要对照图纸对地形地貌选线进行修正，核对是否存在地面障碍物；了解沿线交通情况和地下资源分布情况；对特殊气象、污染分布、特殊用途的建（构）筑物等情况向沿线居民和有关单位进行调查。

对于沿线存在的通信设施，在初勘选线阶段需采取避让措施。根据《交流架空输电线路对无线电台影响防护设计规范》（DL/T 5040—2017）规定，各电压等级的架空输电线路与通信设施的避让距离需满足表 1-16 中规定的防护间距要求。

表 1-16　交流线路与无线电台的防护间距　单位：m

序号	无线电台名称		交流线路电压等级（kV）			
			110	220，330	500	750,1000
1	短波无线电收信台	一级	1000	1600	2000	2600
		二级	600	800	1100	1600
		三级	500	600	700	1000
2	短波无线电测向台		1000	1600	2000	2600
3	调幅广播收音台	一级	800	1000	1200	1800
		二级	500	700	900	1000
		三级	300	400	500	1000
4	调幅广播监测台	一级	1400	1600	2000	2400
		二级	600	800	1000	1250
		三级	300	400	500	750
5	电视差转台、转播台	VHF（Ⅰ）	300	400	500	750
		VHF（Ⅲ）	150	250	350	450，550
6	VHF/UHF 航空无线电通信台		200	250	300	300
7	对空情报雷达站	80m ~ 300MHz	1000	1200	1600	1600
		300m ~ 3000MHz	700	800	1000	1000

续表

序号	无线电台名称	交流线路电压等级（kV）			
		110	220，330	500	750,1000
8	无方向信标台	500			
9	超短波定向台	700			
10	常规、多普勒全向信标台	500			
11	常规测距仪台	500			
12	对海远程无线电导航台发射天线	500			
13	对海远程无线电导航台、监测台接受天线	—		—，250	

（3）终勘选线。终勘选线需全面处理各因素之间的关系，包括使用测量仪器选定中心线的走向、杆塔分布的经济合理性和转角点、跨越点、大档距等特殊点位的位置确定等。终勘选线的内容见表 1–17 所列。

对于架空输电线路对建筑物、树木的净空跨越距离，在《110 ~ 750kV 架空输电线路设计规范》（GB 50545—2010）、《±800kV 直流架空输电线路设计规范》（GB 50790—2013）和《1000kV 架空输电线路设计规范》（GB 50665—2011）中都做了明确要求，归纳如表 1–18 所示。铁路、公路、特殊管道、通航河流等净空跨越距离归纳见附表 1。

表 1–17　终勘选线工作内容

序号	工作内容	选取原则
1	塔基位置选择	（1）避开山顶、深沟、河岸、堤坝、悬崖低洼积水处； （2）放置在平地或山麓缓坡等便于施工的地方； （3）考虑前后档距的合理性，避免因档距问题引起的增加杆塔数量或张力差过大等现象； （4）根据运行和施工条件并结合耐张长度尽可能利用地势较低的地方合理安排档距
2	河流等水体跨越点的选择	（1）跨越河流时尽量选择河道狭窄、河床平直、河岸稳定以及尽可能避开洪水淹没的地点； （2）选择河岸地层稳定、无严重冲刷现象、地下水位埋藏较深、土质均匀的地点；

续表

序号	工作内容	选取原则
2	河流等水体跨越点的选择	（3）避开码头或泊船区域； （4）避开旧河道或排洪道等在洪水期容易改为主河道的区域； （5）避免与河流多次交叉； （6）利用河滩、水中岛屿及河床架设杆塔时，需针对立塔处进行详细的工程地质勘探、水文调查和河床断面测量
3	山区路径选择	（1）避免喀斯特溶洞、陡坡、滑坡、悬崖峭壁、泥石流、不稳定岩堆等不良地质地带； （2）线路沿山麓通过时，需注意山洪排水沟位置，尽量一档跨越，不宜沿山坡走线，以免增大杆塔高度和数量； （3）避免沿山涧、干河沟架设线路，无法避让时，塔位应设在最高洪水位以上不受冲刷的地带； （4）综合考虑交通运输问题； （5）避开沼泽地、水草地、易积水的盐碱地带； （6）避开冲沟、陷穴及受地表水作用后产生强烈湿陷性地带； （7）避开地震烈度Ⅶ度以上地区
4	矿区路径选择	（1）避开塌陷未稳定及有塌陷风险的地区； （2）避让富矿区，如必须通过地下开采区或采空区时，需注意避免地基下沉影响线路安全运行
5	气象因素路径选择	（1）重点调查附近已有高低压通信线路、植物的覆冰情况； （2）应特别考虑地形对覆冰的影响，避开覆冰严重地段； （3）尽量避免在开阔地区靠近湖泊且位于结冰季节的下风向侧走线； （4）避免在山峰附近及迎风面通过； （5）尽量避免出现过大档距； （6）微地形地区应设立观冰点
6	污秽区域路径选择	污秽通过污染源附近、污秽地区时，查明其危害程度和范围，尽量从上风向通过

表 1–18　导线最小净空距离要求　单位：m

序号	类别	电压等级（kV）						
		110	220	330	500	750	±800	1000
1	建筑物最小垂直距离	5.0	6.0	7.0	9.0	11.5	16	15.5

续表

序号	类别	电压等级（kV）						
		110	220	330	500	750	±800	1000
2	最大风偏时与建筑物距离	4.0	5.0	6.0	8.5	11.0	15.5	15
3	导线与树木最小垂直距离	4.0	4.5	5.5	7.0	8.5	11	单回 14 双回 13
4	最大风偏时与树木净空距离	3.5	4.0	5.0	7.0	8.5	10.5	10

1.4.2.2 电缆线路的选线要求

1. 电缆线路选线原则

电缆输电线路具有占地面积小、安全系数高、输送能力强等特点，但与架空输电线路相比，其造价较高，故一般情况下的长距离输电不采用。城区内的电力线路，考虑到城市规划和节约用地以及供电安全的需要，城网输电线路和各级配电线路，有下列情况可采用电缆线路：

（1）对市容环境或城市规划有特殊要求的明确采用电缆线路的地区；

（2）负荷密度高的商住区；

（3）对供电可靠性要求较高的重要负荷；

（4）对特殊环境要求较高的重要供电区域；

（5）因路径受限造成的架空线路难以通过的地区；

（6）严重污秽地段；

（7）对供电线路运行安全有特殊要求的地区。

市区电缆线路路径的选择应结合城市规划，有市政综合管廊的区域应优先选择市政综合管廊。电缆通道通风井的设置应与周围环境相协调，通道的宽度、深度还应充分考虑远期发展的要求，避免重复施工。路径的选择应遵循安全、经济、施工维护便利等原则。

2. 电缆线路选型及敷设方法

电缆的选型是指在满足运行要求和输送能力的前提下，对电缆的结构和型号进行的选择，通常选用交联聚乙烯电缆。电缆芯线截面的选择，除按输送容量、经济电流密度、热稳定性等一般条件校核外，还应力求电缆截面一致，截面选择时考虑预留容量。

电缆敷设的方式应根据规划情况、施工条件、施工规模及建设投资等因素确定，可按不同情况采取以下方式：

（1）直埋敷设，适用于配电网的电缆敷设，一般埋于人行道、公共绿地及公共建筑间的边缘地带；

（2）沟槽敷设，适用于不具备直埋条件且上方无重负载的地段；

（3）排管敷设，适用于电缆条数较多、上方有机动车等重负载的地段，能有效隔绝重载带来的外力破坏；

（4）隧道敷设，适用于城区变电站出线通道等多种电压等级和多条电缆的地段；

（5）跨越河流时，尽量利用已有桥梁，或采取顶管、穿管方式架设。

1.4.3 选址选线常用技术方法

1. 常用负荷预测方法

负荷预测对于电力系统经济、安全、可靠地运行具有重要意义，是变电站选址、线路路径选择的重要依据。电力负荷具有不可控性和按时间周期性变化等特性，根据负荷特性的不同，负荷预测的方法需要有一定的针对性。

常用的负荷预测方法主要有产值单耗法、趋势外推法、灰色模型法、时间序列法、回归分析法等，适用于这类方法的电力负荷与变量之间存在一一对应关系。

（1）产值单耗法。

产值单耗法是对全社会年用电量的预测，具体方法是根据第一、第二、第三产业每单位产值用电量创造的经济价值推算出年用电需求量，再加上居民生活年用电量，通过对过去的单位产值耗电量进行统计分析，找出负荷变化规律，预测出第一、第二、第三产业的综合单耗，然后根据国民经济和社会发展规划的指标进行全社会年用电量的预测。

若记第 i 年第 j 产业的产值单耗为 $Q_i(j)$，第 i 年的人均生活用电量为 K_i，当已知第 j 产业（$j=1, 2, 3$）在未来第 i 年的产值为 $G_i(j)$ 时，则该产业在第 i 年的用电量 $E_i(j)$ 为

$$E_i(j)=G_i(j)Q_i(j),\ (j=1,2,3)$$

同理，当已知第 i 年的总人口预测值为 P_i 时，城乡居民生活用电量 E_i 为

$$E_i=P_iK_i$$

为保证负荷预测的准确性，应对三大产业的产值及城乡总人口作出较为精

确的预测。预测时，可依据城市规划的社会经济发展总体规划目标，利用规划期各年份的工农业产值指标和主要工业产量规划指标，通过对过去国民经济各部门在各种产品生产过程中的单位产品耗电量、亿元产值耗电量的统计，根据产业结构调整，找出一定的规律，得出各种产品和产值的综合单耗数据。

（2）趋势外推法。

负荷依时间变化呈现某种上升或下降的趋势，明显的季节波动，又能找到一条合适的函数曲线反映这种变化趋势时，就可以用时间 t 为自变量，时序数值 y 为因变量，建立趋势模型 $y=f(t)$。当有理由相信这种趋势能够延伸到未来时，赋予变量 t 所需要的值，可以得到相应时刻的时间序列未来值。

应用趋势外推法有两个假设条件：①假设负荷没有跳跃式变化；②假定负荷的发展因素也决定负荷未来的发展，其条件是负荷不变或变化不大。选择合适的趋势模型是应用趋势外推法的重要环节，图形识别法和差分法是选择趋势模型的两种基本方法。

趋势外推法有线性趋势预测法、对数趋势预测法、二次曲线趋势预测法、指数曲线趋势预测法、生长曲线趋势预测法。趋势外推法的优点是只需要历史数据，所需的数据量较少。缺点是如果负荷出现变动，会引起较大的误差。

（3）灰色模型法。

灰色系统理论是研究解决灰色系统分析、建模、预测、决策和控制的理论，近年来，它已在气象、农业等领域得到广泛应用。从电力系统的实际情况可知，在影响电力负荷的诸多因素中，一些因素是确定的，而另一些因素则是不确定的，故可以把它看作是一个灰色系统。

普通灰色预测模型是一种指数增长模型，当电力负荷严格按指数规律持续增长时，此法有预测精度高、所需样本数据少、计算简便、可检验等优点；缺点是对于具有波动性变化的电力负荷，其预测误差较大，不符合实际需要。而最优化灰色模型可以把有起伏的原始数据序列变换成规律性增强的呈指数递增变化的序列，大大提高预测精度和灰色模型法的适用范围。灰色模型法适用于短期负荷预测。灰色预测的优点：要求负荷数据少、不考虑分布规律、不考虑变化趋势、运算方便、短期预测精度高、易于检验。缺点：当数据离散程度越大，即数据灰度越大，预测精度越差；不太适合于电力系统的长期后推若干年的预测。

（4）时间序列法。

根据历史统计资料，总结出电力负荷发展水平与时间先后顺序的关系，即把时间序列作为一个随机变量，用数理统计的方法，尽可能减少偶然因素的影响，得出电力负荷随时间序列所反映出来的趋势，并进行外推以预测未来负荷发展的水平。

电力负荷的历史数据是按一定时间间隔进行采样和记录的有序集合，因此是一个时间序列，时间序列方法是目前电力系统短期负荷预测中发展较为成熟的算法，根据负荷的历史数据，建立描述电力负荷随时间变化的数学模型，在该模型的基础上确立负荷预测的表达式，并对未来负荷进行预测。

时间序列方法的优点是所需数据少，工作量小；计算速度较快；反映了负荷近期变化的连续性。时间序列方法存在的不足是建模过程比较复杂，需要较高的理论知识；该模型对原始时间序列的平稳性要求较高，只适用于负荷变化比较均匀的短期预测；没有考虑影响负荷变化的因素，对不确定性因素（如天气、节假日等）考虑不足，当天气变化较大或遇到节假日时，该模型预测误差较大。

（5）回归分析法。

回归分析法是研究一个变量（被解释变量）关于另一个（或多个）变量（解释变量）的具体依赖关系的计算方法和理论。根据负荷过去的历史资料，建立可进行数学分析的数学模型，回归模型有一元线性回归、多元线性回归、非线性回归等回归预测模型对未来的负荷进行预测。

回归分析预测方法是根据历史数据的变化规律和影响负荷变化的因素，寻找自变量与因变量之间的相关关系及其回归方程式，确定模型参数，据此推断将来时刻的负荷值。

回归分析法的优点是计算原理和结构形式简单，预测速度快，外推性能好，对于历史上没有出现的情况有较好的预测。存在的不足是对历史数据要求较高，采用线性方法描述比较复杂的问题，结构形式过于简单，精度较低；该模型无法详细描述各种影响负荷的因素，模型初始化难度较大，需要丰富的经验和较高的技巧。

各方法优、缺点的比较如表 1-19 所示。

从适用条件看，趋势外推法和回归分析法致力于统计规律的研究与描述，适用于大样本，且过去、现在、未来的发展模式相同的预测；单耗法一般根据历史统计数据，在分析影响单耗的各因素的变化趋势的基础上，确定单耗指标，然后依据国民经济和社会发展规划指标预测电力需求；灰色模型法是通过对原始数据的整理来寻求规律，致力于少数数据所表现的现实规律的研究，它适用于信息匮乏条件下的研究。

表 1–19　　常用负荷预测法比较

预测方法	优点	缺点	适用范围
产值单耗法	方法简单，对短期负荷预测效果较好	需做大量细致的调研工作，比较笼统，很难反映现代经济、政治、气候等条件的影响	周期较短的负荷预测（农业用电）
趋势外推法	可清楚得到负荷增长趋势和其他可测量因素之间的关系	需较多相关社会经济发展指数，实际预测困难	负荷模式变化较大，预测周期较长
灰色模型法	简单、快速	精度差	预测量大周期短
时间序列法	考虑了负荷行为及主要相关因素的随机影响	依靠人的经验识别比较困难	短期负荷预测
回归分析法	预测过程简单，技术成熟	线性回归预测精度低，非线性过程复杂，开销大	中期负荷预测

2. 海拉瓦选址选线技术

海拉瓦技术是近年来兴起的一种先进的地理测量技术，广泛地应用于输变电工程的选址选线设计中。通过高精度的扫描仪和计算机信息处理系统，将各种影像资料生成正射影像图、数字地面模型和具有立体图效果的三维景观图，具有航空摄影和地形图的全部优点，线路设计需要了解的地形，资源等信息随时可以放大观察，并且可以实时地进行三维坐标和其他数据的提取，如图 1–17 所示。卫星图片具有丰富的自然地理信息，可以辨别出地质构造，山脉走向，河流水系、公路铁路交通线的现状，以及农田、林场等自然地貌状况。应用海拉瓦技术，勘测设计人员可以根据城镇规划、水文气象、邮电通信、地矿林业等多种影响因素，对输电线路进行多方案路径优化选择。勘测设计人员在一起可以进行图上比选，只需少量野外工作，就可以提交线路大方案路径和杆塔定位结果。应用海拉瓦技术具有降低工程造价、缩短工程设计工期、保护环境等优点。

海拉瓦技术率先应用于输电线路工程的路径优化，其传统航测作业模式是：

（1）航摄，按线路路径要求分带航飞拍照，照片冲洗后提供各航带满足质量要求的底片和照片。

（2）外控及调绘，制作各航带相片镶嵌图，全线进行 GPS 外控、调绘，提供所有 GPS 外控点三维坐标和相片调绘资料。

（3）航测内业，利用外控、调绘资料，进行空中三角测量，解算相对坐标，建立立体数字地面模型，生成全线数字化带状地形图。进行全数字摄影测量优化选线，生成断面图进行初级排位，路径优化后提供各耐张段转角座标。平面、断面测量，生成全线平面图、断面图，提供设计进行排位。

（4）终勘定位，根据设计排位情况进行现场定位，并测量桩间距离、高差、危险断面和重要交叉跨越，对原平面图、断面图进行修正。对不合理的路径进行改线，确定塔位后测量各塔基断面，提供完整测量成果。

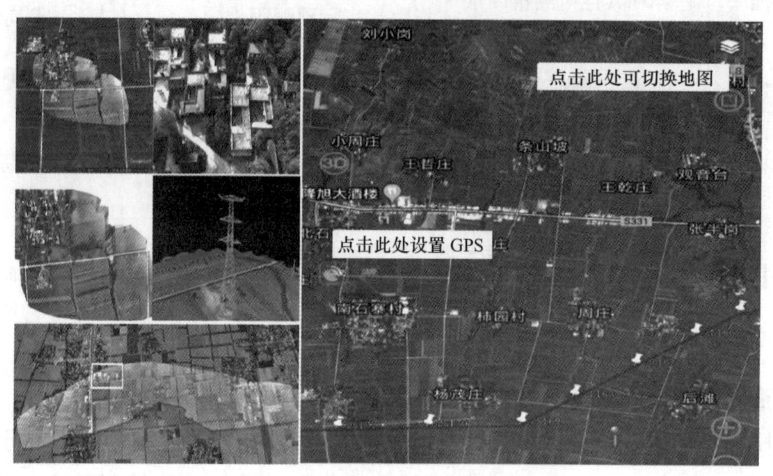

图 1–17　海拉瓦技术应用示例

海拉瓦技术进一步完善后，不断对部分工程进行深度优化，其优化流程如图 1–18 所示。

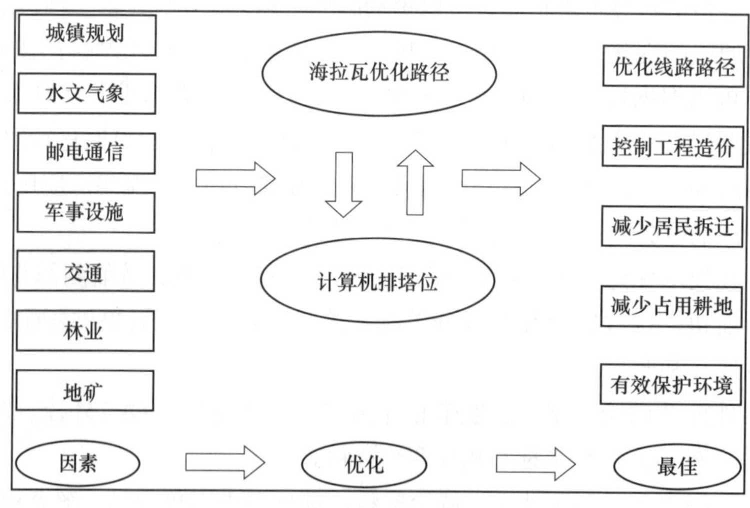

图 1–18　海拉瓦深度优化流程图

利用海拉瓦法优化选线具有如下明显的优势：

（1）缩短线路勘测设计周期，使线路提前投入运营；

（2）减少勘测设计过程中的林木砍伐，保护环境资源；

（3）大大减少危险区域勘测过程中的危险性，保证人员安全；

（4）提高勘测设计质量，进一步提高线路运行的安全稳定性；

（5）提高勘测设计的劳动生产率，控制勘测设计成本；

（6）减少良田占用，具有好的经济效益和社会效益。

架空输电线路工程可根据需要使用新的终勘定位模式来进行线路的终勘定位设计，在作业过程中具有突出的优越性。

1.5 输变电工程的环境保护

输变电工程环境保护工作与电网安全稳定运行及可持续发展息息相关，因此在输变电工程规划设计、建设、运营过程中应充分考虑环境保护因素。对应意义在于：

（1）有利于将输变电工程对环境的影响最小化。输变电工程环境保护工作的实施，有利于有效地保护和改善生活环境与生态环境，从而减少对环境的影响，防止污染环境。

（2）有利于制定更符合特定工程项目的管理技术标准。对特定的输变电工程进行全面系统的环境影响评价与保护，有助于合理地制定管理技术标准，进而有助于输变电工程环境质量的提升。

（3）有利于整体效益的最大化。输变电工程规划设计、施工及运营实现与周围环境的协调，有助于依靠新技术推行清洁生产，继而有助于社会、经济、环境整体效益的最大化。

1.5.1 输变电工程环境保护问题及措施

1.5.1.1 输变电工程环境保护问题

环境保护一方面是指人类为解决现实或潜在的环境问题、协调人类与环境的关系、保障经济社会的持续发展而采取的各种行动的总称；另一方面是对受到污染和破坏的环境进行的改造或治理。其主要内容如下：

（1）防止由生产和生活活动引发的环境污染；

（2）防止由建设和开发活动导致的环境破坏；

（3）保护有特殊价值的自然环境。

随着我国电力工业的发展及居民环境保护意识的提升，输变电工程产生的环境影响逐渐引起人们的关注。目前公众焦点主要集中于以下问题：

（1）输变电工程对周边居民健康、公众安全影响的问题。由于部分居民对输变电工程的电磁环境影响范围及程度没有客观、科学、理性的认识，担心变电站对人体健康、公众安全造成影响，因而阻扰变电站的选址和建设。

（2）变电站、线路塔基征地与拆迁补偿问题。部分居民对安全、健康方面的担忧，一方面造成了相关政府部门在变电站线路路径用地审批、办理施工手续等环节的巨大压力，继而导致电网建设征地困难；另一方面，由于部分居民对输变电工程的新建或改造提出不合理的拆迁范围及补偿要求，使得建设单位难以按照现行法律法规、政策规范、环保标准等进行拆迁及补偿，继而导致输变电工程拆迁困难。

基于上述问题聚焦，结合输变电工程规划设计、施工及运营实际，其对环境的影响主要来自电磁场对环境的影响，可听噪声对环境的影响，生产废弃物对生态环境、水环境、大气环境等的影响。

1.5.1.2 输变电工程环境保护措施

输变电工程的环境保护措施可体现于设计、建设、运营等环节。目前常采用如下措施来降低输变电工程对环境的影响：

（1）合理选址选线。对于变电站或换流站，在规划设计过程中必须要优化选址，尽量避开医院、社区、学校等人口密集区域，以降低潜在污染对周边功能区内居民生活质量的影响。

对于输电线路，可通过优化铁塔基础设计、调整输电线路排列相序等措施减少输电线路对周围环境的影响；同时必须要根据各种树木的最高自然生长高度，确定跨越树林弧垂对地距离，兼顾线路安全与经济效益。

（2）减小输电走廊宽度，合理配置电磁场抑制措施。在符合输电线路规划的前提下，必须尽可能使用同塔双回路或多回路设计以节约土地资源。在同塔架设双回或多回不同电压等级输电线路时，可将低电压等级输电线路布置于铁塔近地面悬挂位置，以降低地表位置的电场强度。

变电站内一般采取屏蔽、滤波与接地三种措施来减弱电磁场对外界的影响。其中屏蔽用来减少电磁场向外或向内的穿透，一般常用于隔离和衰减辐射干扰，可通过加设电磁屏蔽物、敷设屏蔽电缆等措施实现；滤波则用来抑制电磁的传导干扰，而接地则是为了使设备或装置本身产生的干扰电流经接地线流入大地，以减少对外传导的干扰。

（3）选用低噪声电力设备并增设噪声抑制设备。变电站内的主要声源为电力变压器及其附属冷却设备，因而可以通过选择低噪声电力设备来降低变电站的噪声水平，也可以在变电站变压器室加装声阻抗较大的钢构隔声结构、对应进风口增设消声器等设备等来抑制变电站噪声水平。

（4）强化绝缘气体的规范化处理。对于含 SF_6 气体的输变电设备，在例行维护后，对于回收的 SF_6 气体，必须严格按照规程由具备回收处理资质的单位进行规范化处理与再利用，同时，可以在已有监测规程的基础上，强化针对 GIL 的结构振动、内部压力、放电次数、气体组分及分解产物监测，以降低绝缘气体泄漏及更换的概率。

（5）完善输变电工程施工后的植被恢复。对于输变电工程建设过程中使用的人抬道路、施工临时道路等应及时做好植被恢复工作，以尽量减少对工程现场及周边生态环境的影响。

（6）注重景观美化。景观和美化工作是提升输变电工程环境质量的重要方法，在景观美化执行的过程中必须遵循以下原则：①设计阶段要注意整体布置优化，各个景观设置科学合理，尽量与周边环境相协调；②主接线设置合理，并且尽可能简化；③舱室布局合理，尽量减小占地面积。

典型的景观化变电站如图 1–19 所示。

(a)

(b)

图 1–19 景观化变电站效果图

（a）宁波 110kV 团桥变电站；（b）青岛 110kV 水城变电站

上述措施的配合使用，可显著降低输变电工程对周边环境的影响。

1.5.2 选址选线环保问题

选址选线的根本问题是评估站址和路径的可行性，随着我国对环境保护工作的日益重视，在对建设项目可行性进行评估时，环境保护要求具有一票否决权，如果所选站址和路径位于如基本农田、自然保护区、风景名胜区、水源保护区、文物保护区、生态红线保护范围内等区域，那么项目工程建设条件再好也无法落地。所以选址选线时必须认真考虑环保要求，减少和防止污染，将环境保护这一理念贯彻于工程规划、设计、施工、运行等全过程中。在设计阶段充分考虑工程如何减少或避免对环境的影响，可避免先污染后治理的被动局面，减少财产损失。

1.5.2.1 选址选线的环保原则

输变电工程的环境影响，一般包括土地占用、对生态环境的影响、与规划的相容性、对电磁环境的影响和对区域景观的影响等。当输变电工程建成投入运行后，基本不产生大气污染物、工业废水、工业固体废弃物，电磁环境和可听噪声是主要的环境影响问题。在选址选线的确定阶段，必须评估对环境的影响。与此同时，还应考虑外部环境对设备安全运行的影响，以取得良好的环境效益和社会效益。

建设项目涉及依法划定的自然保护区、风景名胜区、生活饮用水水源保护区及其他需要特别保护的区域，应当符合有关法律法规的规定。相关法律及条例归纳如表 1-20 所示。

表 1-20 选址选线设计阶段需考虑的环保问题

序号	环保问题	环保要求及措施	相关法律及条例
1	与周围环境相协调	（1）避开居民区、自然保护区、风景区； （2）避开公园、湖泊之间的地域、河滨等； （3）使变电站与周边环境协调，位于城区、居民区的变电站可采用户内式设计	《中华人民共和国自然保护区条例》第十八条
2	水源地的水质保护	（1）避开水源保护区； （2）生活污水及雨水经收集处理后排入污水管网或用于站区绿化，不漫排	《中华人民共和国水污染防治法》第六十五条、第六十六条
3	声环境保护	（1）与周边建筑保持合理间距； （2）结合城市规划要求，满足周围声环境功能区划，如不能达标排放的，需采取技术手段强制达标	《中华人民共和国环境噪声污染防治法》第十三条

续表

序号	环保问题	环保要求及措施	相关法律及条例
4	文物保护	（1）避开文物保护区及名胜古迹； （2）在文物保护单位周边的建设控制地带选址须与周围建筑相协调	《中华人民共和国文物保护法》第二十条、第二十九条
5	农田保护	（1）避开基本农田保护区； （2）对于临时占地及时复耕及植被恢复	《基本农田保护条例》第十五条
6	压矿	（1）避开具有丰富开采价值的矿藏； （2）避开矿藏采空区	
7	特殊要求	（1）附近有军事设施、通信设施时需征得有关部门同意，符合相关规定； （2）避开易燃易爆地区，保证防火间距； （3）避开污秽地区或采用防污保护措施	

1.5.2.2 选址选线的环保要求

输电线路路径如不可避免须跨越自然保护区时，应满足《自然保护区条例》的相关规定，经有关部门批准后，在对保护区结构、功能、保护对象及其栖息环境无不良影响的情况下，只能跨越自然保护区实验区范围，并尽可能减少在保护区实验区的范围内立塔的数量，减少对保护区的生态扰动和影响。

输电线路路径如不可避免须跨越风景名胜区时，应满足《风景名胜区条例》的相关规定，不得跨越风景名胜区的核心区。经有关部门批准后，在不影响风景名胜区景观的前提下，允许跨越非核心景区。

输电线路路径如不可避免须跨越水源护区时，应满足《中华人民共和国水污染防治法》的有关规定，严禁在一级水源保护区内立塔，二级水源保护区内不得排污，尽可能减少在保护区内立塔的数量，并使塔基尽可能远离水域，不得在水域中立塔。

输电线路在林区走线时，应着重考虑加高杆塔、拉大档距减少立塔，尽量少砍伐林木。《中华人民共和国森林法》第十八条规定：进行勘查、开采矿藏和各项建设工程，应当不占或者少占林地；必须占用或者征收、征用林地的，经县级以上人民政府林业主管部门审核同意后，依照有关土地管理的法律、行政法规办理建设用地审批手续，并由用地单位依照国务院有关规定缴纳森林植被恢复费。

《基本农田保护条例》第十五条规定：基本农田保护区经依法划定后，任何单位和个人不得改变或者占用。国家能源、交通、水利、军事设施等重点建设项目选址确实无法避开基本农田保护区，需要占用基本农田，涉及农用地转用或者征用土地的，必须经国务院批准。若省内规定电力走廊不实行征地，且占用地块不涉及农用地转用，则不须经国务院批准。

除此之外，土地是不可再生资源，节约用地是我国的基本国策。站址在选择时还需遵循节约用地的原则，因地制宜。在满足安全要求的前提下，合理选择布置方式，尽可能地提高土地利用率。近年来，变电站的设计在节约用地方面积累了不少经验，规划的新建站用地面积应按照《电力工程项目建设用地指标》(建标〔2010〕78号)的有关规定进行站址的最终规模设计，分期建设的则进行站内用地预留。

随着社会环境保护意识的加强，客观上要求输变电工程要建设成为环境友好型工程，从选址选线开始，就要充分重视环境保护工作。由于可供开发的建设用地受到限制，站址和线路走廊内的土地平整、建筑拆迁、青苗赔偿等诸多条件的约束，直接影响工程的投资和建设的进度。因此，在设计时应根据实际情况分析工程建设的综合效益，因地制宜采取相应措施，科学地开展选址选线工作。

2 电磁环境影响及控制措施

电磁环境是存在于指定场所的所有电磁现象的总和，输变电工程的电磁环境是由带电导体产生的电场、载流导体产生的磁场、线路导线与变电站（换流站）母线电晕放电引起的无线电干扰等使得工程周边区域环境受到影响的现象，其主要影响因子包括工频电场、工频磁场、离子流密度、直流合成电场、直流磁场和无线电干扰等。

输变电工程的电磁环境影响一方面表现在对其附近的控制设备、二次设备、通信设备和地下金属管道等产生电磁感应，引起电磁兼容问题；另一方面，还可能对动植物和人体健康产生影响。我国关于输变电工程环境保护重点关注的电磁环境因子有工频电场、工频磁场和直流合成电场，本章对其影响因素和控制措施进行分析，结果证明通过优化变电站布置形式、提升导线对地高度和加装屏蔽装置等措施可以有效减弱电磁环境影响。

2.1 电磁环境基础知识

2.1.1 基本概念

交流输变电工程产生的电磁环境主要影响因子有工频电场和工频磁场，直流输电工程产生的主要影响因子有离子流密度、合成电场和直流磁场。当带电导体表面电场强度超过临界限值时会产生电晕，电晕引起的高频脉冲电流会对无线通信造成干扰。

1. 工频电场

电场是电荷周围存在的一种特殊物质，运行中的输变电设备周围的电场是由其导体上所载电荷产生的。工频，又称电力频率或电源频率，国际上主流的电源频率为 50Hz 和 60Hz。工频电场是指由按 50Hz 或 60Hz 频率随时间做正弦变化的电荷产生的电场，我国电力系统的额定频率为50Hz，本书所讨论的工频电场是随50Hz频率交变的低频准静态场。

表征电场大小和方向的量是电场强度E。输变电工程产生的电场强度一般采用千伏每米（kV/m）表示。电场强度在某一点上的方向为该点正电荷受到电场力的方向；大小为电场力与带电量的比值，与带电导体的距离的平方成反比，且随着间距增大迅速衰减。

2. 工频磁场

磁场是运动电荷、电流、磁性物体或变化电场四周空间产生的一种特殊状态的物质。由于磁体的磁性来源于电流，本质上磁场是由电荷的运动或电场变化产生的。工频磁场是按50Hz频率随时间做正弦变化的电流产生的，正常情况下电气设备工作时其电流便在周围产生工频磁场。

磁场的强弱和方向用磁感应强度B或磁场强度H表示。磁感应强度B也叫磁通密度，单位为特斯拉（T），在输变电工程中一般采用mT或μT计量。磁感应强度与磁场强度的关系如下

$$B=\mu H \tag{2-1}$$

式中　μ——磁介质的磁导率，真空中磁导率的大小为$4\pi\times10^{-7}$N/A^2。

3. 离子流密度

直流输电线路运行时，载流导体上的电荷产生电场。当导体表面电场强度大小超过空气击穿场强时，会产生电晕放电现象。电晕放电产生的带电离子受电场力的作用向附近空间运动，与导线极性相同的离子远离导线，极性相反的离子靠近导线，由此在两极导线之间和极导线与大地之间将充满带电离子，带电离子运动形成离子流，穿过单位面积的离子流称为离子流密度。

离子流密度的单位为安培每平方米（A/m^2），其大小与导体表面电场强度成正比，与发生电晕时的起始场强成反比。

4. 直流合成电场

直流合成电场是由标称电场和离子流场两部分叠加形成的。标称电场是直流输电线路导线上电荷产生的电场；离子流场是两极导线之间和极导线与大地之间的带电离子产生的电场。

5. 直流磁场

直流磁场是由正负两个相反方向的电流产生的，受到地球产生磁场的影响。直流输电线路产生的磁场强度大小取决于导线电流值，计算公式为

$$B=\left(\frac{\mu}{2\pi}\right)\frac{Ir}{D} \tag{2-2}$$

式中 I——电流；

D——计算点到导线间的距离；

r——与电流对应的计算点到导线方向上的单位矢量；

μ——磁导率。

±800kV 特高压直流输电工程的设计额定电流为 4000~5000A，在设计额定电流运行时，极导线下地面磁感应强度最大值约为 40~50μT，低于我国内陆地磁场（约 60μT）水平，且随着离极导线下方投影处距离的增大而快速衰减。

6. 无线电干扰

输变电工程运行时，带电导体附近存在电场，当导体表面的电场强度大小超过起晕场强时会产生电晕，一般只有输电线路导线表面的电场强度能达到这一水平。电晕引起的高频脉冲电流中含有许多高次谐波，会对无线电通信产生干扰。

输电线路无线电干扰主要是由导线表面或金具电晕放电、绝缘子表面电位较高区域放电和线路部件接触不良产生火花引起的，其在纵向上沿导线传播、横向上通过空气传播，干扰频率通常低于 30MHz。变电站内在高压开关、均压环等金具集中的区域也可能发生电晕放电，其产生的无线电干扰沿着高压引出线方向及导线垂向朝站外传播。

无线电干扰强度用分贝（dB）表示，《高压交流架空输电线路无线电干扰限值》（GB/T 15707—2017）对不同电压等级输电线路好天气下频率为 0.5MHz 时的无线电干扰限值进行了规定。

2.1.2 控制限值

国际非电离辐射防护委员会（ICNIRP）发布的《限制时变电场、磁场和电磁场曝露的导则（300GHz 以下）》，基于人体内感应电流限值要求给出了人体曝露在电磁环境中的电磁场参照水平，其中频率 50Hz 时限值如表 2-1 所示。

表 2-1 ICNIRP 导则中工频电磁场曝露参照水平与基本限值（50Hz）

曝露类型	工频电磁场曝露参照水平			体内感应电流基本限值
	电场强度（kV/m）	磁场强度（A/m）	磁感应强度（μT）	电流密度（A/m^2）
公众曝露	5	80	100	2
职业曝露	10	400	500	10

不同国家和组织综合考虑各自情况制定了工频电磁场曝露限值标准，虽然具有一定差异，但它们大多都是基于ICNIRP导则中工频电磁场曝露参照水平与基本限值得到的，如表2–2所示。

表2–2 部分国家或组织工频电磁场曝露限值标准

国家或组织		频率（Hz）	电场强度（kV/m）		磁感应强度（μT）	
			公众曝露	职业曝露	公众曝露	职业曝露
美国	ACGIH	50/60	—	25	—	1000
	IEEE	50	5	20	904	2700
欧盟		50	5	10	100	500
英国		50	12	12	1600	1600
日本		50	3	5	—	—
德国		50	5	—	100	—
澳大利亚		50/60	5	10	100	500

GB 16203—1996《作业场所工频电场卫生标准》规定作业人员在工作场所内8h接触工频电场强度最高不能超过5kV/m。中国电力企业联合会于2004年制定了《电力行业作业场所工频电磁场安全防护规定（试行）》，将工频电磁场职业曝露划分为0、Ⅰ和Ⅱ三个等级，各等级限值要求如表2–3所示。《电磁环境控制限值》（GB 8702—2014），建议以4kV/m和100μT作为公众曝露的工频电场、磁感应强度限值。

表2–3 我国电力行业作业场所工频电磁场安全防护规定曝露限值

等级	工频电场强度（kV/m）	磁感应强度（μT）	曝露时间限值（h）
0	<5	<100	无
Ⅰ	5~10	100~500	2
Ⅱ	>10	>500	0.5

《±800kV特高压直流线路电磁环境参数限值》（DL/T 1088—2008）规定±800kV直流架空输电线路邻近民房时，民房处地面的合成场强限值为25kV/m，且80%的测量值不得超过15kV/m；线路跨越农田、公路等人员容易到达区域的

合成场强限值为 30kV/m；线路在高山大岭等人员不易到达地区的限值按电气安全距离校核。

2.1.3 电磁环境影响

1. 电磁环境分布特点

输变电工程电磁环境分布特点是研究其影响因素的基础，其中工频电场、工频磁场和直流合成电场分布特征较为明显，尤其是在输电线路下方。

（1）工频电场。

输电线路产生的工频电场大小和分布情况受电压等级、导线型式、相间距离、排列方式和对地高度等因素的影响。高压输电线路导线直径一般很小，在导线附近由电荷产生的电场较为集中，离开导线一定距离电场减弱，因此在导线与地面之间的电场分布并不均匀。以单相高压导线为例，在开阔、无建筑物等外界因素干扰的情况下，从导线位置到地面的空间范围内，电位 U 逐渐降低，按指数规律衰减；电场强度 E 随着离地高度的减小越来越小，其分布规律大致如图 2-1 所示。

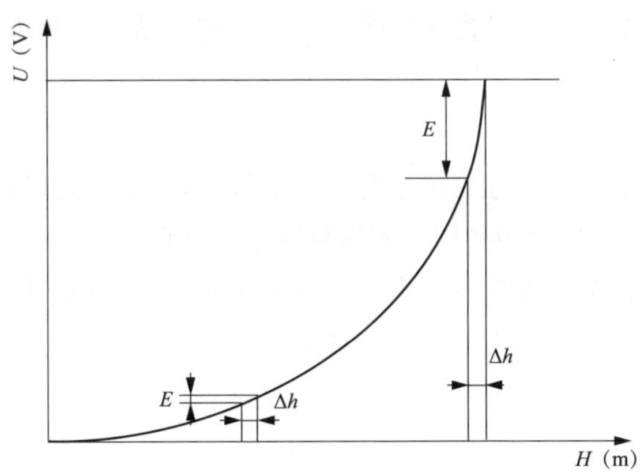

图 2-1　典型单相带电导线下不同高度空间电位分布图

U—导线工作电压；H—导线对地高度；E—电场强度；Δh—单位高度

考虑人类经常活动所处的地面高度处（一般取离地面 1.0~1.5m）电场强度，以输电线路正下方地面投影点为起始点，沿垂直线路方向，电场强度 E 同样随距离的增加快速衰减，如图 2-2 所示（坐标零点为中间相导线正下方地面投影处）。

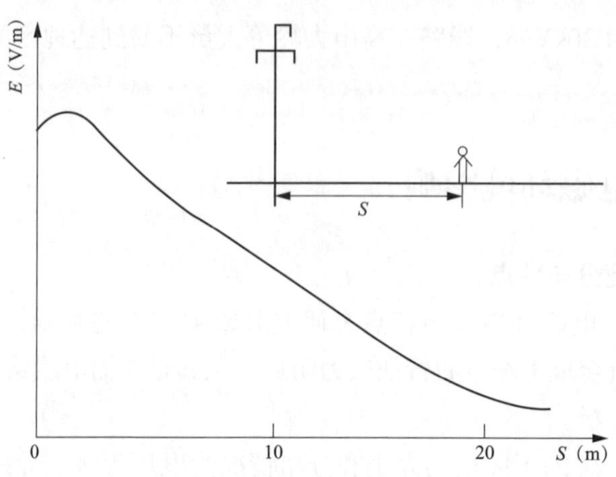

图 2–2　输电线路下垂直线路方向电场强度分布图

变电站中一次设备与二次设备集中布置，完成电压变换、电能传输与分配等功能。根据站内设备布置特点，将变电站内区域大致分为主变压器及电抗器等主设备区、配电区（按电压等级划分）和进出线区等。一般规律显示，主变压器高压侧由于电压等级高其周围区域电场强度明显高于低压侧区域；高电压等级配电区的工频电场强度高于低电压等级的配电区。空间电场容易被建（构）筑物、景观树木等障碍物屏蔽或削弱，因此在变电站围墙外电场强度通常低于国家标准限值。

（2）工频磁场。

工频磁场的分布情况与工频电场大体相似，其特点是磁感应强度大小随着与带电设备或载流导体间距的增大成指数规律迅速衰减。

输电线路产生的工频磁场随着电流变化而变化，其在线路下方地面的分布情况按距线路投影处距离的平方成倒数衰减，分布规律大致如图 2–3 所示（坐标零点为中间相导线正下方地面投影处）。变电站由于布局形式的原因，在厂界或围墙外一定距离由电气设备产生的工频磁场一般远低于国家限值 100μT。磁场的特点在于只有磁导材料引入时才会改变磁场分布，因此与工频电场相比，输变电工程附近的工频磁场不容易发生畸变。

（3）直流合成电场。

标称电场受线路结构和运行电压的影响，输电线路结构一般是确定不变的，因此标称电场的大小由线路运行电压决定；离子流场受线路电晕放电程度的影响。电晕放电具有很强的随机性，因此直流合成电场也随机变化。直流合成电场测量结果通常采用统计方法处理，理想情况（无风）下测量结果显示在极导线外侧 1~2m 处其值最大，在两极导线的中间位置附近其值最小。正常运行电压双极大地回路运行方式下直流输电线路下方合成电场分布规律如图 2–4 所示（坐标零点为正负极导线中间正下方地面投影处）。

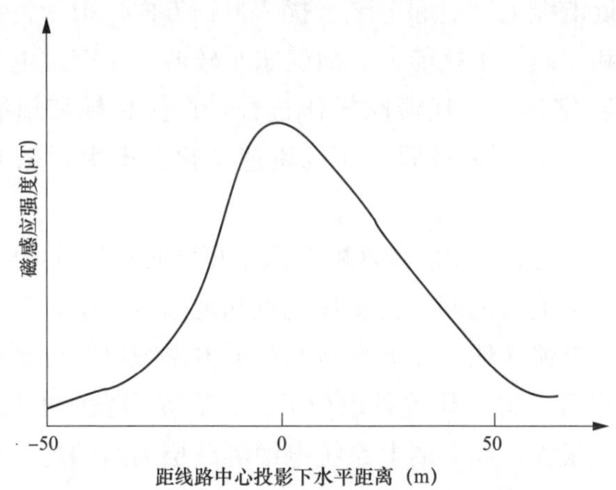

图 2–3　输电线路下垂直线路方向磁感应强度分布图

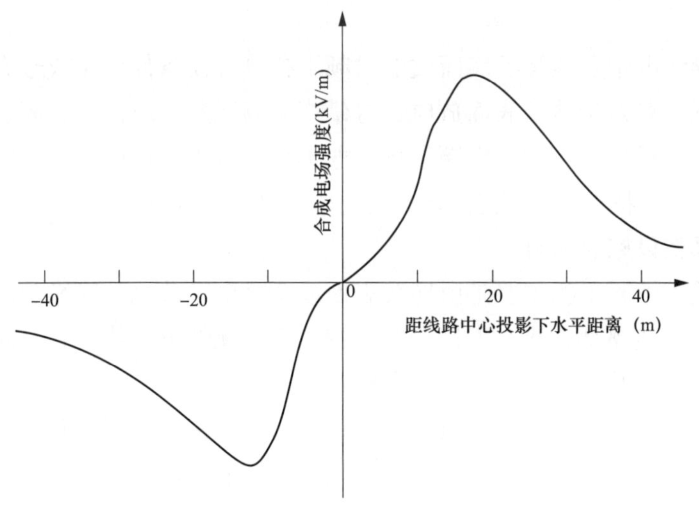

图 2–4　输电线路下垂直线路方向直流合成电场分布图

2. 对邻近电气设备的影响

变电设备、换流设备、变频设备和输电线路等设施都可能会对邻近的其他电气、电子设备产生电磁干扰，进而引起设备故障或阻碍信号传输。变电站（换流站）的电磁干扰多来自高压设备操作、换流阀操作和短路故障等引起的瞬变过程；输电线路的干扰主要来自导线表面电晕放电产生的射频干扰。

（1）高压设备操作干扰。断路器、隔离开关等高压设备操作，会使回路从一种稳定状态经过振荡过渡到另一种稳定状态，这一过程会产生暂态过电压。设备操作产生的暂态过电压有很强的波头，一方面通过耦合（静电耦合或电磁耦合）作用到邻近电缆上，引起电磁干扰；另一方面，由于自动控制、二次保护、测量等设备和仪表抗干扰能力、耐受水平较弱，暂态过电压会对其产生一定影响甚至威胁稳定运行。换流阀操作过程会产生传导和辐射电磁干扰，触发会产生射频干扰，正、负极间电压的迅速变化会产生暂态电压和暂态电流干扰。

（2）系统短路及地电位差。接地网是系统短路时疏散故障电流的重要通道。故障电流通过接地点流入地网，会使接地点和地网电位明显升高。系统短路故障发生时，若故障电流入地点邻近变电站中弱电系统电缆屏蔽层接地点、互感器二次绕组中性点等，将会导致其电位升高，容易引发弱电设备的绝缘击穿。变电站的地网面积很大，如果弱电系统电缆屏蔽层的两端均与地网连接，在故障泄流时屏蔽层的两端可能产生一定的电位差，此时电缆的屏蔽层中流过电流。电流的电磁耦合作用会对电缆信号产生干扰；当电流较大时，还有可能烧毁弱电系统电缆。

（3）导线电晕及绝缘子表面放电射频干扰。气候条件变化或暂态电压作用会引发导线电晕及绝缘子表面放电，电晕产生高频脉冲电流，其高次谐波会产生无线电干扰或射频干扰。射频干扰一般不会造成破坏性的影响，但由于其辐射广、传播远的特点，也不能忽视其对灵敏度高的弱电设备的干扰。

3. 对通信设施的影响

输电线路电磁干扰主要是由导线表面或金具电晕放电、绝缘子表面电位较高区域放电和线路部件接触不良产生火花引起的无线电干扰，它会对无线电通信、广播电台、无线导航站等产生干扰。

与输电线路相比，变电站内带电设备分布更加集中，高压开关、均压环等各类金具也有可能发生电晕甚至火花发电。火花放电产生的无线电干扰强度更高，情况也更复杂，同样会对通信设施产生影响。

4. 对人体健康的影响

输变电工程产生的电磁场一般称为极低频电磁场或工频电场、工频磁场。工频电场、磁场对人体的影响可分为短时效应和长期效应。

短时效应是指人处在电场中感知器官的直接感受，电气和电子工程师协会IEEE试验证明，在同地面有良好绝缘的前提下，试验人员用手触碰电场强度为5kV/m的金属接地体时，仅有约7%的人能感受到静电放电。我国电磁环境控制限值要求的电场强度限值为4kV/m，因而输变电工程在运行时产生的电磁场不会对人产生短时效应影响。

关于长期影响，美国、苏联、日本和我国均开展了相关研究。世界卫生组织WHO于1996年启动了国际电磁场计划，以调查电磁场对人体健康的潜在影响。经过长期研究，WHO于2007年发布的《电磁场与公众健康：曝露于极低频电磁场》（Electromagnetic fields and public health: exposure to extremely low frequency fields）指出：对于公众常遇到的极低频电场水平，不存在实际健康问题；工频磁场对健康的影响还不够明确，但依据对大量研究结果的评估，无有效数据证明需降低国际导则和标准中的工频磁场曝露限值（100μT）。

由此，尚无有效证据表明输变电工程产生的极低频电磁场或工频电场、工频磁场在规定的控制限值内会对人体健康产生影响。

2.2 电磁环境测量及影响评价方法

目前，关于电磁环境测量及影响评价的现行标准规范主要有《输变电工程电磁环境监测技术规范》（DL/T 33—2010）、《交流输变电工程电磁环境监测方法（试行）》（HJ 681—2013）、《1000kV输变电工程电磁环境影响评价技术规范》（DL/T 1185—2012），下文将分别对交流输电工程、直流输电工程、交直流输电线路并行时电磁环境测量及影响评价方法进行详细介绍。

2.2.1 交流输变电工程电磁环境测量

（1）测量条件。测量时环境条件应满足仪器的使用要求，应在无雨雪的晴好天气下开展测量，并保证湿度在80%以下时测量以避免探头支架泄漏电流的影响。

（2）测量仪器。工频电场和磁场的测量应使用专用的探头。工频电场和磁场的测量仪器可以是单独的探头，也可以是两者合成的仪器，如图2-5所示。

探头从原理上分悬浮体型、地参考型和光电型三种。悬浮体型电场测量仪用于地面以上空间中测量未畸变电场，测量时与大地通过绝缘支架架设；地参考型电场测量仪用于测量地面上或靠近地面处的电场，通过测量孤立电极和大地之间的感应电流或电荷振荡来实现工频电场的测量；光电型探头应用很少。悬浮体型探头使用最广泛，其结构示意如图2-6所示。

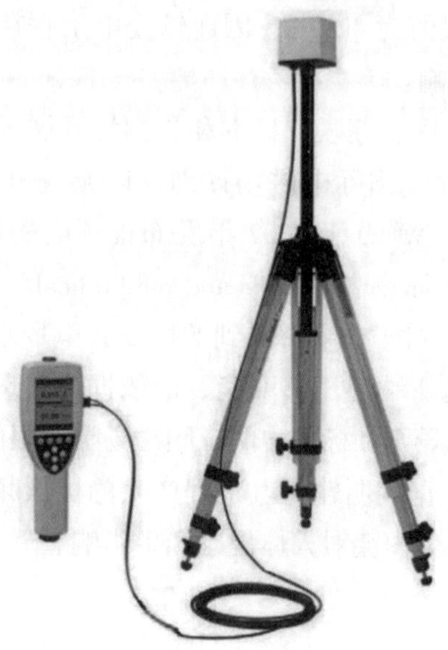

图 2-5　工频电磁场强度测量仪

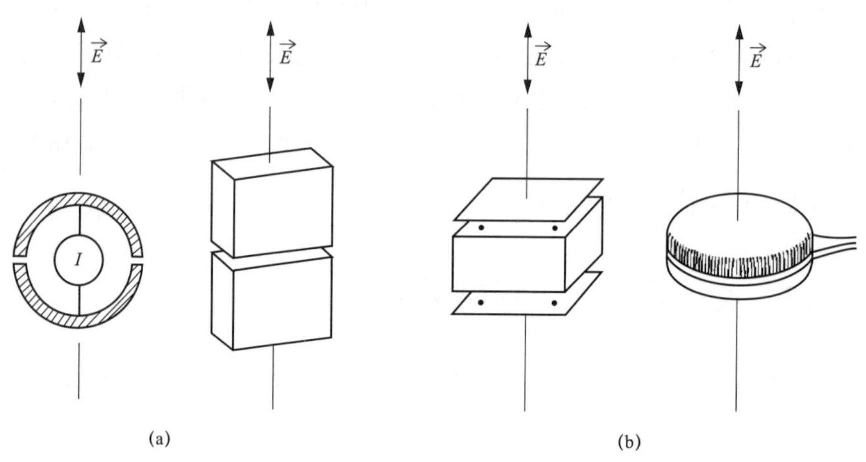

图 2-6　悬浮体型测量仪结构示意图

（a）球形悬浮体型电场测量仪；（b）单轴电场测量仪

工频电场和磁场测量仪的探头分一维和三维形式，常用的为三维形式。探头利用光纤与主机连接时，光纤长度应不小于 2.5m；探头的支架应选用不易受空气湿度影响的非导电材质。测量仪器应使用电池供电。

（3）测量方法。测量仪器的探头应架设在地面（或立足平面）上 1.5m 高度处，也可根据需要在其他高度测量并做好记录。测量时，测量人员与仪器探头的距离不小于 2.5m，避免在仪器处产生较大的电场畸变；测量仪器探头与固定物体的距离应不小于 1m，将固定物体对测量值的影响限制到可以接受的水平之内。

（4）测量布点。断面监测布点应选择在地势平坦、远离树木且没有其他电力、通信及广播线路的空地上。

1）架空输电线路。断面监测路径应选择在具有代表性的典型档距间、以导线档距中央弧垂最低位置的横截面方向上，如图 2–7 所示。监测点应均匀分布在边相导线两侧的横断面方向上，间距一般为 2m，顺序测至距离边导线对地投影外 50m 为止；在测量最大值附近时，两相邻监测点的距离应不大于 1m。

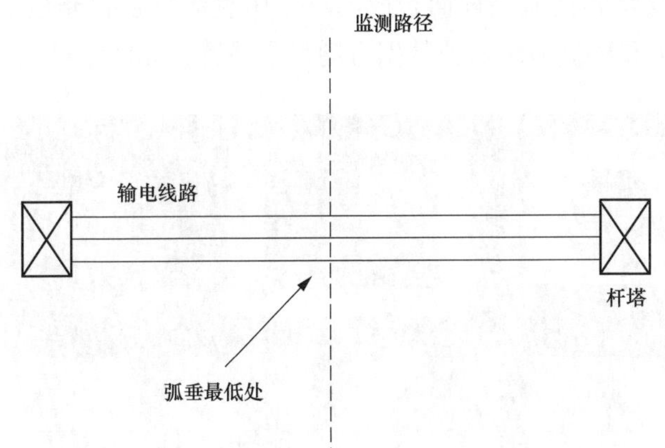

图 2–7　架空输电线路下方工频电场、磁场监测路径图

2）地下输电电缆。断面监测路径以地下输电电缆线路中心正上方的地面位置为起点，沿垂直于线路方向，测点间距为 1m，顺序测至电缆管廊两侧边缘外延 5m 处为止。

3）变电站（开关站、串补站）。断面监测路径应选择在变电站电压等级最高区域的围墙外侧，避开进出线，以围墙为起点，测点间距为 5m，顺序测至距离围墙 50m 处为止。

各侧围墙外 5m 处均需布置监测点，包括主变压器区域、配电区域和进出线路的位置等。如在其他位置监测，应记录监测点与围墙的距离。

4）建（构）筑物。在建（构）筑物外监测，应选择在建筑物靠近输变电工程的一侧，且距离建筑物不小于 1m 处布点。在建（构）筑物内监测，应在距离墙壁或其他固定物体 1.5m 外的区域处布点；如不能满足上述距离要求，则取房屋立足平面中心位置作为监测点，但监测点与周围固定物体（如墙壁）间的距离不小于1m。在建（构）筑物的阳台或平台监测，同内部监测要求相同。

（5）数据记录及处理。测量时，每个测点应连续测5次，每次测量时间不小于15s，读取稳定状态的最大值，以5次读数的算术平均值作为监测结果。具体要求参见《工频电场测量》（GB/T 12720—1991）和《高压交流架空送电线路、变电站工频电场和磁场测量方法》（DL/T 988—2005）。

2.2.2 直流输电工程电磁环境测量

1. 地面合成电场测量

直流输电线路和换流站地面合成电场采用直流场强仪测量，直流场强仪主要包括测量探头和数据显示器或数据自动采集装置，如图2-8所示。

图2-8 直流场强仪

（1）测量条件。测量直流线路和换流站的地面合成电场时，可将测量探头放置在所关注的地方。探头放置的地面应平整且无杂物；测量地点周围应无对电场具有屏蔽作用的物体，如建筑物、树木和其他电力线路等。测量时，工作人员及测量设备应离探头3m以上。为了减小气候条件对测量结果的影响，测量应在风速不大于2m/s，相对湿度为低于80%的条件下进行。

（2）测量仪器。直流合成电场测量仪包括场磨型（伏特计）和振动平板型两种，目前国内使用的主要是场磨型探头，结构如图2-9所示。

通过测量金属电极上感应的电容感应电荷或电流来确定直流合成电场强度。场磨型探头的传感电极周期性地曝露在电场中，也周期性的被接地的旋转快门所屏蔽。当感应电极交替地曝露和屏蔽于外界电场时，任一瞬间的感应电荷和大地与感应电极之间的感应电流与电场强度成正比，通过测量感应电荷、电流或感应电极和大地之间电阻上的电压可以得到电场强度。

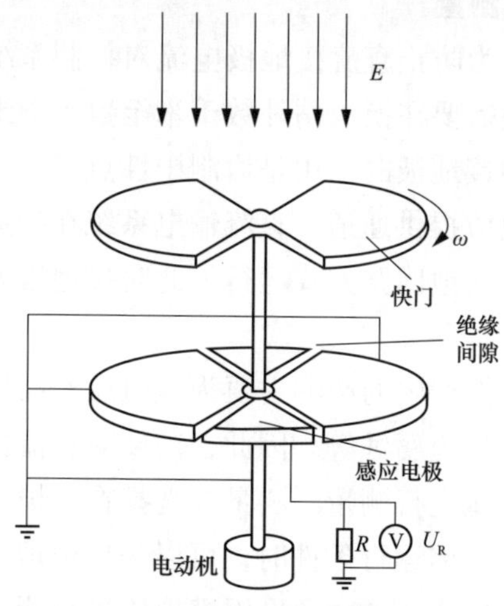

图 2–9 场磨型探头结构原理图

（3）测量方法。测量地面合成场强时，可以采用两种方式安放测量探头：①将探头直接放置在地面，探头外壳良好接地；②在不高于地面 300mm 的位置放置面积为 1m^2 的正方形金属平板，金属板中间开直径略大于探头外径的圆孔，将探头放置在金属板圆孔内，使探头上表面与金属板上表面同高，探头外壳和金属极板良好接地。

（4）测量布点。测量直流输电线路地面合成电场时，在线路档距中央导线最低位置下方地面，沿垂直线路方向布置测量点。相邻测量点之间距离的选择应考虑地面合成电场的变化趋势。在地面合成电场正负最大值附近，相邻测量点之间的距离可取 1~2m；在其他位置，可取 3~10m。

测量换流站的地面合成电场分布时，应沿着管母线走向划分不同区域，测量并寻找不同区域地面合成电场的最大值，以获得换流站地面合成电场的分布。另外，在换流站其他受关注的金属导体或带电设备附近，可根据现场情况合理布置测量点。

（5）数据记录及处理。由于电晕放电具有随机性，故地面合成电场会随机波动。因此在测量地面合成电场时，需连续测量一段时间。直流合成电场测量数据可以通过人工记录，也可以将直流场强仪的输出信号传输到自动数据采集装置，自动记录合成电场。测量数据需采用累计概率的方法进行处理，并以统计电场 E_N 表示（E_N 为测量时间内 $N\%$ 数据所超过的地面合成电场的绝对值）。具体要求参见《直流换流站与线路合成场强、离子流密度测试方法》（DL/T

1089—2008）。

2. 直流接地极工程测量

直流输电系统中，为防止直流接地极电流对控制系统等的影响，除在换流站内布置接地网外，还需要在换流站外数千米至数十千米处适当的位置布设接地极。直流输电系统中接地极的作用是钳制中性点零电位，在单极大地回路运行方式时为直流运行电流提供通道。直流输电系统在投运初期、检修或故障排查时，有可能采用单极大地回路方式运行，此时接地极处流过的电流可以达到数千安培。

直流接地极工程可能产生的影响主要为地电位升高导致的跨步电压安全影响和引起周边埋地金属管道腐蚀等。因此，需要对直流接地极工程的地电位分布、跨步电压和接触电压进行测量。测量应选择在单极大地回路运行方式下进行；当不具备单极大地返回运行条件时，可以采用模拟法向接地极注入模拟电流进行测量，模拟电流宜大于50A。采用模拟法进行测量时，直流电源一般安放在换流站内，通过接地极线路将电流注入直流接地极。

（1）地电位分布测量。测量地电位所需设备主要包括测量线、直流电压表、无极化电极和距离测量工具或仪器。地电位分布测量点应当从接地极环中心开始，测量路径应尽量与接地极线路方向相反，经过极环沿选定的方向向接地极外辐射式布点。由于地电位的极大值出现在极环附近，故在极环上方应布置测量点，极环附近两个邻近测量点之间的距离宜取5~20m。

地电位分布的测量方法有参考点法和电位差法。参考点法是通过将距离较远的参考点的电位引到测量点上方，而后测量两点间的电位差；当参考点固定不变时，移动测量点，以获得距离接地极中心不同位置相对参考点的电位差。电位差法是利用直流电压表分别测量不同点之间的电位差以得到所需数据的方法。

（2）跨步电压测量。测量跨步电压使用的直流电压表的精确度应不低于1.0级，直流电压表的输入阻抗不小于1000kΩ。测量时可以参考模拟计算结果布置测点，并注意消除地中杂散电流的影响。首先用电压表测量两电极之间的电压获得跨步电势；而后在两表笔之间并接入人体模拟电阻测量跨步电压。图2-10为测量跨步电压的接线示意图。测量点 P_1 和 P_2 间距为1m，将两个无极化电极分别放在两点上，R 为人体模拟电阻。直流电压表测量的电压 U 即为跨步电压。

（3）接触电压测量。测量接触电压使用的直流电压表参数要求与测量跨步电压时相同。测量时首先测量接触电势，然后测量接触电压，方法与跨步电压测量时一致。利用模拟法测量接触电势和接触电压时，需要注意消除地中杂散电流和被测设备与大地之间极化电势的影响。

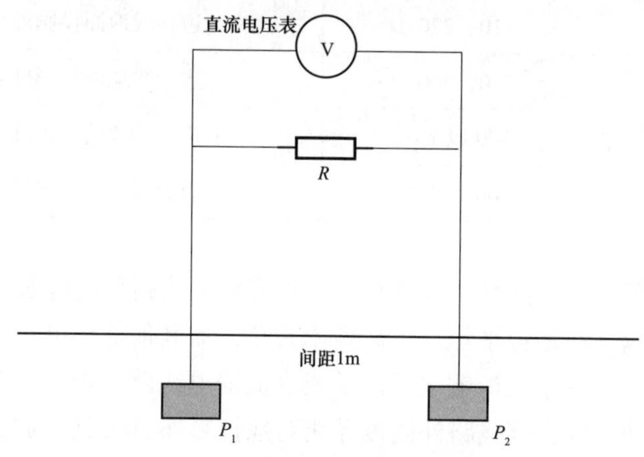

图 2-10　跨步电压测量接线示意图

2.2.3　交、直流输电线路并行时的电磁环境测量

经济的快速发展导致输电走廊尤其是在经济发达地区日趋紧缺，交、直流输电线路并行或同塔架设大量出现。并行架设交、直流输电线路之间的耦合效应将导致导线的表面电场强度发生变化，进而影响线路的电晕特性。直流线路产生的空间电荷将在交流电场、直流电场及风等因素作用下运动，使得空间电荷分布变得复杂。因此，交、直流输电线路并行架设时电磁环境测量与单独交流或直流线路下方电磁参数测量应有所不同。目前，针对交、直流输电线路并行架设时的混合电磁环境测量尚无国家标准和电力行业标准，本小节针对交、直流输电线路并行架设距离不大于 100m 时的电磁环境测量中需重点考虑的测量范围及测量布点等内容提出推荐性要求，供交、直流输电线路并行时电磁环境测量参考。

（1）测量范围。测量应从交流线路外侧边导线对地投影外一定距离至直流输电线路外侧极导线对地投影外 50m，本书中参考现行环境影响评价导则要求推荐不同电压等级交、直流输电线路并行架设时的测量范围，具体见表 2-4 所示。

表 2-4　并行架设交、直流输电线路电磁环境测量范围

类别	电压等级（kV）	测量范围
交流输电线路	110、220	边导线地面投影外 30m
	330、500	边导线地面投影外 40m
	500 以上	边导线地面投影外 50m
直流输电线路	±400 及以上	极导线地面投影外 50m

（2）测量布点。测量路径应选在交、直流输电线路尽可能长的公共档距中央，测量地点应选在地势平坦，远离树木杂草，无其他低压电力线路、通信线路等的空地上。以垂直交流输电线路（或直流输电线路）走向方向，沿线路外侧导线往外延伸。以直流线路外侧极导线对地投影外 50m 处为起点，沿测量路径布点，至交流线路另一外侧边导线外一定距离处（不同电压等级测量范围见表 2-4）。线路导线附近测点间距不宜大于 2m，其余测点间距不宜大于 5m；另外，应在边导线外 5、15、20m 处布置测点。交、直流输电线路并行架设时电磁环境测量路径及布点如图 2-11 所示。

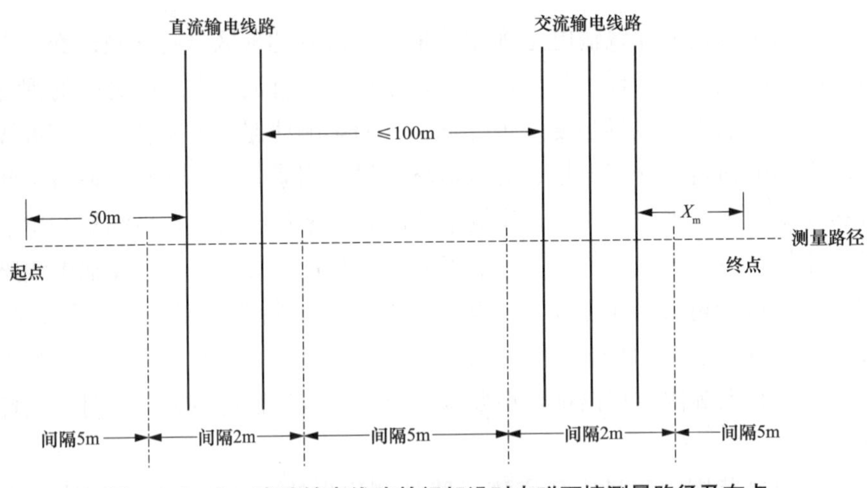

图 2-11　交、直流输电线路并行架设时电磁环境测量路径及布点

2.2.4　电磁环境影响评价方法

环境影响评价常用的方法有数学模式法、物理模型法和类比调查法。输变

电工程电磁环境影响评价常用类比调查法，通过与在运行同类工程电磁环境进行对比分析，进而对拟建工程的电磁环境影响进行评估。

（1）评价因子。

1）变电站和交流输电线路：工频电场和工频磁场；

2）换流站：合成电场、离子流密度和工频电场、磁场；

3）直流输电线路：合成电场、离子流密度。

（2）工作等级、评价范围和评价标准。通过对拟建项目开展工程分析，参照《环境影响评价技术导则 输变电工程》（HJ 24—2014）确定项目评价工作的等级，具体要求见表2-5。

表2-5　　输变电工程电磁环境影响评价工作等级

分类	电压等级（kV）	工程	条件	评价工作等级
交流	110	变电站	户内式、地下式	三级
			户外式	二级
		输电线路	1. 地下电缆； 2. 边导线地面投影外各10m范围内无敏感目标	三级
			边导线地面投影外各10m范围内有敏感目标	二级
	220~330	变电站	户内式、地下式	三级
			户外式	二级
		输电线路	1. 地下电缆； 2. 边导线地面投影外各15m范围内无敏感目标	三级
			边导线地面投影外各15m范围内有敏感目标	二级
	500及以上	变电站	户内式、地下式	二级
			户外式	一级
		输电线路	1. 地下电缆； 2. 边导线地面投影外各20m范围内无敏感目标	二级
			边导线地面投影外各20m范围内有敏感目标	一级
直流	±400及以上	—	—	一级
	其他	—	—	二级

注　开关站、串补站参照同电压等级变电站执行，换流站依据直流侧电压等级确定。

变电站（换流站）、输电线路等的工频电场、工频磁场和合成电场的评价范围同样参照《环境影响评价技术导则 输变电工程》（HJ 24—2014）确定，具体评价范围见表 2–6。

表 2–6 输变电工程电磁环境影响评价工作范围

<table>
<tr><th rowspan="3">分类</th><th rowspan="3">电压等级（kV）</th><th colspan="3">评价范围</th></tr>
<tr><th rowspan="2">变电站、换流站、开关站、串补站</th><th colspan="2">线路</th></tr>
<tr><th>架空线路</th><th>地下电缆</th></tr>
<tr><td rowspan="3">交流</td><td>110</td><td>站界外 30m</td><td>边导线地面投影外各 30m</td><td rowspan="4">电缆管廊两侧边缘各外延 5m（水平距离）</td></tr>
<tr><td>220~330</td><td>站界外 40m</td><td>边导线地面投影外各 40m</td></tr>
<tr><td>500 及以上</td><td>站界外 50m</td><td>边导线地面投影外各 50m</td></tr>
<tr><td>直流</td><td>± 100 及以上</td><td>站界外 50m</td><td>边导线地面投影外各 50m</td></tr>
</table>

输变电工程电磁环境评价标准通常按照《电磁环境控制限值》（GB 8702—2014）规定的各电磁参数限值执行，具体如表 2–7 所示。

表 2–7 输变电工程电磁参数公众曝露限值

频率	电场强度（kV/m）	磁感应强度（μT）
50Hz	4	100

（3）类比对象选择。类比对象的建设规模、电压等级、容量、总平面布置、占地面积、架线形式、架线高度、电气形式、母线形式、运行工况及周边环境等条件应与拟建工程类似，需列表论述其可比性。

类比调查时，如国内没有同类型工程，可搜集国外资料或利用模拟试验等方法获取数据、资料开展评价。

（4）类比工程监测。监测方法及仪器要求按照《交流输变电工程电磁环境监测方法（试行）》（HJ 681—2013）和《直流换流站与线路合成场强、离子流密度测量方法》（DL/T 1089—2008）中的规定执行。

（5）类比结果分析。重点说明类比对象与拟建工程的差异，分析类比结果的规律性；结合监测结果，预测拟建项目电磁环境的影响范围、达标范围和最大值出现的区域范围，并论述其准确性及合理性。

2.3 电磁环境影响因素

输变电工程电磁环境的影响因素主要包括运行工况、变电站布置形式、配电装置类型、带电架构高度、输电线路布置方式、导线对地高度和相序排列方式等。各影响因素的改变均会导致变电站四周、输电线路下方和横断面处的电场、磁场强度和分布情况发生变化。

2.3.1 变电站电磁环境影响因素

变电站运行时对环境的影响主要是工频电场和工频磁场，其影响因素包括电压等级、布置形式（户外型、半户内型、户内型和地下布置型）、配电装置类型、带电架构高度、出线方式和回路数等。

（1）电压等级。电压等级越高，电场强度越大；电流越大，磁场强度越大。选取某地区典型 500、110kV 户外型变电站开展围墙外工频电场强度、工频磁感应强度现场实测，结果如表 2–8 所示。

表 2–8 某地区典型 500、110kV 变电站围墙外工频电磁场测量结果

项目	主变压器台数及容量（MVA）	布置方式	工频电场强度（kV/m）	工频磁感应强度（μT）
500kV 变电站一	2×1000	户外	0.02~0.47	0.13~0.66
500kV 变电站二	2×1000	户外	0.15~1.89	0.09~0.59
500kV 变电站三	2×1000	户外	0.03~0.75	0.28~1.43
110kV 变电站一	2×63	户外	0.002~0.02	0.004~0.056
110kV 变电站二	2×63	户外	0.001~0.15	0.013~0.023
110kV 变电站三	2×63	户外	0.004~0.18	0.022~0.468

测量结果显示，500kV 变电站四周围墙外的工频电场强度范围为 0.02~1.89kV/m，工频磁感应强度范围为 0.09~1.43μT；110kV 变电站四周围墙外的工频电场强度范围为 0.001~0.18kV/m，工频磁感应强度为 0.004~0.468μT。总体来看，110kV 变电站围墙外工频电场、磁场强度水平均小于 500kV 变电站。

（2）布置形式。变电站布置形式按照建筑形式和电气设备布置方式分为户

外、半户内、户内和地下布置型变电站。户外型变电站的主变压器、配电装置均为户外布置；半户内型变电站主变压器户外布置，配电装置户内布置；户内型变电站主变压器、配电装置均为户内布置；地下布置型变电站主变压器及其他主要电气设备均安装在地下建筑内，地上只留设通风口和设备、人员出入口等少量建筑。由空间电场易被建筑物屏蔽或削弱特点可以得出相同电压等级、相同容量的变电站户外型布置电磁参数水平应为最高。

选择典型 220kV 户外、半户内、户内和地下布置型变电站各一座，其主变压器容量相同，且户外、半户内、户内型变电站周围 50m 范围内无敏感点，站界外测量点无其他电磁干扰源。测量此四座变电站站界外工频电磁场值，结果如表 2–9 所示。

表 2–9 不同布置形式变电站四周工频电磁场最大值

总布置形式	电压等级（kV）	容量（MVA）	工频电场最大值（V/m）	工频磁场最大值（μT）
户外型变电站	220	2×180	345.4	0.171
半户内型变电站	220	2×180	98.2	0.056
户内型变电站	220	2×180	67.3	0.087
地下布置型变电站	220	2×180	0.56	0.066

测量结果显示，布置形式不同，变电站四周工频电场强度最大值差异较大，户外型、半户内型、户内型和地下布置型变电站的工频电场最大值由 345.4V/m 依次减弱至 0.26V/m。工频磁场由于受建筑物影响较弱，其差异不太明显，波动范围为 0.056~0.171μT。

（3）配电装置类型。变电站中配电装置类型的不同，对周围的电磁参数指标也会产生影响。常见的高压配电装置有三种，即空气绝缘的常规配电装置（Air Insulated Switchgear，AIS），其母线裸露，与空气直接接触，断路器一般为磁柱式或罐式；气体绝缘全封闭组合电器（Gas Insulated Switchgear，GIS），其母线、断路器、隔离开关、互感器、避雷器等设备和部件全部封闭在金属接地的外壳中；混合式气体绝缘组合电器（Hybrid Gas Insulated Switchgear，HGIS），一种介于 AIS 和 GIS 之间的新型高压开关设备，其母线为敞开式，其余设备封闭在金属接地外壳中。表 2–10 中相同电压等级、不同形式配电装置情况下变电站四周工频电场强度有一定差异。配电装置户外常规布置型 500kV 变电站围墙四周工频电场强度明显高于 HGIS 布置型变电站和 GIS 布置型变电站。

HGIS 和 GIS 型配电装置，其所用的金属套管为电的良导体且全部接地，对电场有较强的屏蔽效果，因此 HGIS 和 GIS 型配电装置外部的电场水平明显低于常规布置型。

（4）其他因素。变电站中各种带电架构从其所处位置到地面的范围内，电位按指数规律衰减分布；同时离地面越近，电场强度越小。站内出线采用电缆方式较架空线路方式产生的电磁环境影响小；相同电压等级的变电站，出线回路数越多，地面电场强度分布越复杂。

表 2-10　　不同配电装置类型变电站周围工频电磁场测量结果

项目	主变压器台数及容量（MVA）	主变压器布置方式	配电装置布置方式	工频电场强度（kV/m）	工频磁感应强度（μT）
500kV 变电站一	2 × 1000	户外	户外常规布置	0.016~2.78	0.133~4.46
500kV 变电站二	2 × 1000	户外	户外 HGIS 布置	0.05~1.466	0.391~4.235
500kV 变电站三	2 × 1000	户外	户外 GIS 布置	0.018~1.387	0.345~6.405

2.3.2　输电线路电磁环境影响因素

输电线路带电运行时，线路下方某点的电场强度与导线上电荷多少及该点距导线的距离有关，导线上电荷数量与导线尺寸及几何位置有关，因此输电线路布置方式、导线对地高度、相（极）间距离、相（极）导线的分裂数和相序排列方式等均会影响输电线路下方电场的大小及分布。

1. 工频电场影响因素

（1）线路布置方式。目前，常用的输电线路布置方式主要有水平排列、垂直排列、正三角排列和倒三角排列。通过数值软件建模计算分析，可以得出不同排列方式对输电线路下方工频电场的影响。选取电压等级 500kV，导线为 4 × LGJ–400/35，避雷线 GJ–70，分裂导线几何半径为 0.45m 参数仿真分析，计算得出不同排列方式下地面 1.5m 高处工频电场分布情况如图 2-12 所示。

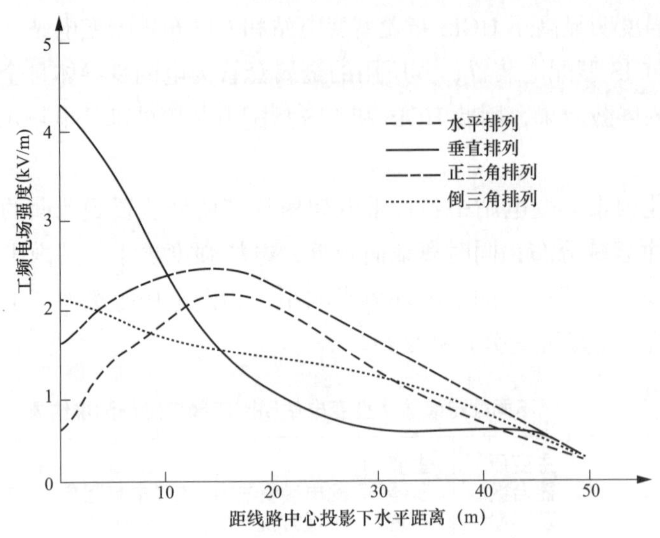

图 2-12　不同线路布置方式下地面电场分布

由此可知，导线垂直排列时场强明显大于其他排列方式，水平排列时线路下方高场强区的覆盖范围最大，倒三角排列时场强最大值和高场强区域分布范围均优于其他排列方式。

（2）导线对地高度。由工频电场分布特点可知，提升导线对地高度，线路下方一定范围内工频电场强度会降低，且降低幅度较大。选取线电压为 1000kV，八分裂导线，相间距 24m，计算导线对地高度分别为 20、25、30m 和 40m 时线路下方电场强度最大值，结果如表 2-11 所示。

表 2-11　　导线对地高度不同时线下电场强度最大值

对地高度（m）	20	25	30	40
最大场强（kV/m）	10	8	6.5	4.5

（3）导线相间距离。数值计算及现场实测结果表明，随着相间距离的减小，电场强度降低，但降低幅度并不明显。从土地利用角度来讲，减小相间距离会使导线的横向覆盖范围减小，线路走廊变窄，土地资源利用更加合理。

（4）导线分裂数。110kV 及以上电压等级输电线路普遍采用多分裂导线形式，在输电量相同的情况下，与单根导线相比，分裂导线的阻抗更小，进而导线对交流电的波阻抗会降低，能够有效提高输电能力和效率。常见的导线分裂数目为 4、6、8 和 12。理论研究及工程实践表明，随着分裂导线数目增多，输电线路产生的电场强度增大，但增加幅度不明显。选取 LGJ-500/35 型导线，子导线半径为 16.8mm，分裂圆半径为 0.4m，依次选择 4、6、8 和 12 分裂导线，计算线路下方地面 1.5m 高度处的电场强度，结果如表 2-12 所示。

表 2-12　导线不同分裂数线路下方 1.5m 高度处电场强度最大值

分裂类型	4	6	8	12
最大场强（kV/m）	6.53	6.87	7.03	7.18

虽然分裂导线对电场强度的影响不大，但是采用分裂导线能够有效降低输电线路产生的无线电干扰。输电线路采用分裂导线形式，等效于提高了导线的半径，使得导线表面电位梯度变小，临界电晕电压增大。此时，导线表面电场强度要达到起晕场强更加困难，导致电晕损耗降低，进而产生的无线电干扰减弱。

（5）相序排列方式。为提高线路走廊利用率或供电可靠性，有时会采用同塔双回路线路输电。相序排列不同对工频电场有一定影响。通过固定一回路相序，改变另一回路相序，分析相序排列对工频电场的影响。采用常见的正相序（ABC-ABC）和逆相序（ABC-CBA）两种排列方式，输入标准特高压 1000kV 交流激励，计算两种排序方式下地面电场强度分布，其最大值如表 2-13 所示。

表 2-13　正、逆相序排列方式下地面电场强度最大值

相序排列方式	正相序（ABC-ABC）	逆相序（ABC-CBA）
最大场强（kV/m）	4.81	2.36

计算结果显示，逆相序排列方式下线路下方地面电场强度最大值不到正相序排列方式的一半。通过数值方法进一步计算了其他排列方式下地面电场强度最大值，结果介于两者之间。由此可见，同塔双回线路架设时应考虑逆相序排列布线。

2. 直流合成电场影响因素

（1）线路电压。直流输电线路电压等级越高，导线电晕越强，空间中自由电荷越多，离子流密度越大。此时，由标称电场和离子流场组成的直流合成电场越大。选取典型双极单回水平排列特高压直流输电线路计算不同电压下直流合成电场情况，线路类型选择特高压直流输电线路常用的 8 × JL1/G3A-1250/70 节能型钢芯铝绞线，对地高度 18m，极间距 16m，导线直径 69.9mm。计算双极大地运行方式下电压为 ± 700、± 800、± 900kV 和 ± 1000kV 时地面合成电场横

向分布情况，其最大值结果如表 2-14 所示。

表 2-14　　不同导线电压下地面合成电场和离子流密度最大值

极导线电压（kV）	合成场强最大值（kV/m）	最大离子流密度（nA/m^2）
±700	21.34	25.51
±800	29.48	53.19
±900	37.15	87.36
±1000	44.55	127.71

（2）导线对地高度。随着导线距地面高度的增加，地面合成场强变小。在两极中心投影处 30m 范围以内，导线高度对合成场强的影响较为明显；超过 40m 后导线高度不同时场强基本相等，因此导线距地面高度对地面合成场强的影响有一定范围。

（3）极间距离。极间距离变化，对两极间的电荷不会造成太大影响，因此对合成电场的大小影响不大。选取典型 ±800kV 特高压直流输电工程线路参数，分别计算极间距离为 16、18、20、22m 时地面合成电场分布情况，结果显示不同极间距离时地面合成场强最大值差别不大。但是极间距离的变化，会改变地面合成电场的影响范围，并导致地面合成场强最大值的出现位置变化，这是由地面合成场强最大值总是出现在靠近极导线附近所决定的。

2.4　电磁环境控制措施

输变电工程电磁环境控制是指通过降低变电站、输电线路等产生的电磁参数水平以减弱其对外界的影响。电磁环境控制措施一方面是通过优化变电站布置形式、合理选择配电装置类型、改变输电线路布置方式、提升导线对地高度和采用同塔双回线路逆相序排列等方式降低变电站、输电线路的工频电场、工频磁场、直流合成电场和无线电干扰等参数；另一方面，通过加装屏蔽措施、减少耦合路径等方式减弱电磁环境对邻近电气设备、通信设施的干扰。

2.4.1　变电站电磁环境控制措施

（1）合理选择变电站布置形式。各电压等级不同布置形式的变电站围墙四周电磁参数实测结果表明，地下布置型、户内型、半户内型变电站围墙四周工频电场强度明显小于户外型变电站，尤其是地下布置型和户内型变电站。地下布置型和户内型变电站通过建筑物和进出线电缆化的屏蔽作用有效降低了其周围电磁参数水平。

变电站在规划建设过程中，设计阶段应充分考虑与周围环境的相对关系，合理选择布置形式。如对位于城区的 220、110kV 变电站应考虑户内布置，可明显降低其电磁参数水平。图 2-13 所示为户内型 110kV 变电站实景图。

(a)

(b)

图 2-13　户内型 110kV 变电站实景图

（a）变电站外部实景图；（b）配电装置户内实景图

（2）优化配电装置选型。除总布置形式外，变电站内采用配电装置类型的不同，所产生的电磁参数对周围环境影响程度也有不同。

由于母线、断路器等带电和操作设备是产生电磁环境的主要因素，依靠金属封闭装置的屏蔽作用，GIS 和 HGIS 布置的变电站围墙四周的工频电场强度明显低于 AIS 布置的变电站工频电场值。对环境敏感区域和电磁参数限值要求较高的重点区域，可以通过优化变电站配电装置选型降低站址周围电磁参数水平。图 2-14 所示为 AIS 和 HGIS 型配电装置实景图。

（3）改变设备结构。改变设备结构可以在一定程度上减少变电站产生的无线电干扰，降低其周边电磁环境水平。

根据母线、连接线和金具的表面电场计算结果和电晕试验结果可知，优化母线和连接金具的设计，增大金具的环径、管径，可以提高电晕起始电压；在电气设备端子处设置有多环结构的均压环，采用扩径耐热铝合金导线作为变电站内连接线，可以合理控制带电导体表面的电场强度。上述措施使得电晕放电减少，进而大大降低其产生的无线电干扰。图 2–15 为变电站中常用的多环结构均压环。

(a)

(b)

图 2–14　不同类型配电装置实景图

（a）AIS 配电装置实景图；（b）HGIS 配电装置实景图

图 2–15　采用多环结构均压环的避雷器

（4）完善站内布局。在确保变电站运行安全可靠的基础上，完善站内电气设施布局也可以降低电磁环境的影响。

站内带电架构及进出线产生的电场水平与架构离地高度关系密切，提高变电站设备架构高度是降低地面工频电场的直接有效手段。变电站可充分利用所在地地形和环境特点，提高架构高度，使进出线离地面较高。这样既能降低变电站对四周地面电磁环境的影响，又能保证进出线的开阔性和安全性。

站内低压侧并联电抗器因空心结构、线圈匝数较多，工频电磁场较大，通过合理布置排列方式可以加以控制，如三相电抗器按三角形布置。图 2–16 所示为某变电站中采用三角形布置的电抗器。

变电站围墙四周电磁参数测量结果表明，较大值一般都位于高压出线侧下方。结合站址周围环境及电网规划，合理选择出线走廊位置，使出线方向尽量避开邻近村庄，可以有效避免其对周围敏感目标的影响。

图 2–16　采用三角形布置的三相电抗器

（5）建筑物、绿化景观屏蔽。建筑物、树木、绿化景观等均具有一定的屏蔽效果。

换流站中常采用建筑物屏蔽措施，不同材料和结构的建筑物屏蔽效果差异较大，按工作频段和屏蔽效能可分为简易电磁屏蔽（屏蔽频率范围为 150k~1GHz，对电场屏蔽不大于 60dB）、一般电磁屏蔽（屏蔽频率范围为 10k ~18GHz，对电场屏蔽大于 60dB）和高性能电磁屏蔽（屏蔽频率范围为 50~40GHz，对电场屏蔽不小于 100dB）等类型。目前换流站中建筑物屏蔽多是在屏蔽室的顶棚、地面及四周墙壁安装金属网或金属薄板以组成一个金属隔离体，通过多点连接地网以达到屏蔽效果。图 2–17 所示为内部装设金属薄板屏蔽的全封闭式换流站阀厅。

通过在变电站内不影响设备运行的空闲场地区域和围墙外采取植树、绿化、布置景观等措施屏蔽电磁环境，也可以在一定的范围内降低变电站的电磁环境影响。

图 2–17　金属薄板屏蔽式换流站阀厅

2.4.2　输电线路电磁环境控制措施

（1）优选输电线路电压等级。输电线路电压等级直接决定了其产生的电磁参数水平，通过降低输电电压可以大幅降低地面工频电场、合成电场大小。但输电电压等级选择时更重要的是需考虑输送容量、输送距离、损耗和工程造价等因素，因此优选输电线路电压等级虽可以降低线路电磁参数，但仍需综合考虑各方面因素。

（2）合理选择线路布置方式。单回路输电线路一般布置方式有水平、垂直、正三角和倒三角排列四种布置方式。从降低线路电磁参数的角度考虑，倒三角排列布置方式线路下方一定范围内电磁参数最低，因此在满足架设要求的前提下，应优先选择倒三角排列方式布置。图 2–18 所示为倒三角排列方式特高压交流输电线路。

（3）提升导线对地高度。提升输电线路对地高度可以有效降低线下的工频电磁场和直流合成电场。当线路达到一定高度后，继续提升对地高度对降低线下电磁场较弱，因此设计时也应综合考虑电磁环境及建设经济性。图 2–19 为输电线路跨越高速公路及附近有民房时采用高跨设计实例图。

（4）降低相间距离。降低相间距离可以在一定程度内减小线路下方工频电磁场强度最大值和高场强区域覆盖范围，但效果不如提升导线对地高度好；而且每降低相同的距离，电磁场强度下降程度逐渐加强，即相间距离越小时此方法效果越好。当相间距离过小时，可能会导致不满足相间绝缘距离要求，容易发生相间短路。因此，选择此种方式时应充分考虑相间绝缘的限制。

图 2–18　倒三角排列方式特高压交流输电线路

图 2–19　高跨设计类型输电线路

（5）同塔双回线路采用逆相序排列。双回路导线相序排列方式直接影响着输电线路下方电磁场的分布，不同的相序排列方式线下电磁场强度会有所变化。逆相序排列时，线路下方电场、磁场值最低，因此同塔双回线路架设时应采取逆相序排列，其示意图如图 2–20 所示。

（6）架设屏蔽线或同塔多回混合架设。输电线路通过架设屏蔽线或同塔多回混合架设（下层架设较低电压等级的线路）可以降低线路下方电磁参数水平。理论研究及工程实践证明，屏蔽线根数越多屏蔽效果越好，但屏蔽线根数的增加与电场强度的降低并不成正比，考虑到架设成本，应合理选择屏蔽线数量；屏蔽线安装高度和与线路中心距离对屏蔽效果的影响也较大，其中与线路中心距离影响尤为明显，在加装屏蔽线时应合理选择安装位置以达到最优屏蔽效果。

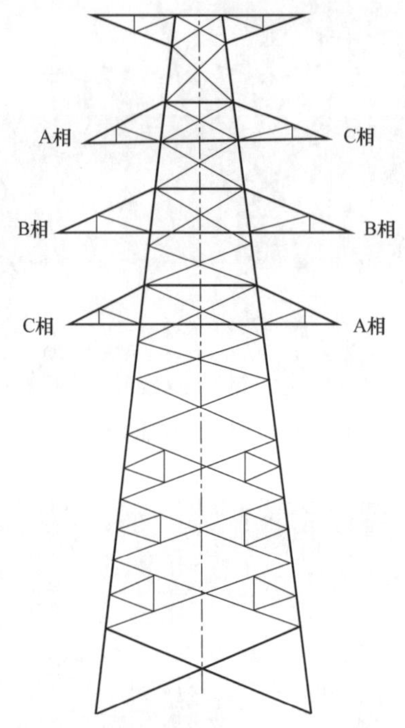

图 2–20　同塔双回输电线路逆相序排列

与加装屏蔽线相比，采用同塔多回混合架设经济性更好，在高电压等级线路下层架设较低电压等级线路也能起到一定的屏蔽作用，如 500kV 线路下方同塔架设一回 110kV 线路，其地面电场强度最大值显著降低。实际工程应用中，多采用不同电压等级线路混合架设以降低地面电场强度。

2.4.3　电磁干扰控制措施

1. 加装屏蔽装置

变电站中高压一次设备操作产生的暂态过电压是主要干扰源，一次设备与自动化系统连接的电缆采用带有金属外皮（屏蔽层）的控制电缆，可以有效削弱电场耦合和磁耦合感应电压。对二次设备中测量和微机保护装置采用的中间互感器一、二次绕组间加设屏蔽层，可起到电场屏蔽作用，防止高频干扰信号通过分布电容进入测量或保护装置。

2. 减少耦合路径

电磁干扰的产生需要耦合路径，减少强电回路的感应耦合可以有效减弱电磁干扰，具体措施如下：

（1）控制电缆尽可能远离高压母线和暂态电流的入地点，并尽可能减少平行长度。高压母线是强烈的干扰源，增加控制电缆与高压母线间的距离是减少电磁耦合的有效措施；同时，应尽可能远离避雷器和避雷针接地点，电容式电压互感器、耦合电容器等高频暂态电流入地点，避免感应耦合。

（2）连接高压设备的电流、电压互感器的二次回路电缆，接至监控和保护装置处时应尽量靠近接地体，以减少进入这些回路的高频漏磁通。

3 可听噪声影响及控制措施

输变电工程的可听噪声影响是引发环保投诉和纠纷的主要因素之一，对输变电工程可听噪声的控制不当会对周围环境和噪声敏感目标造成影响，继而引发环保投诉和纠纷。因而依据统筹规划、环保达标、技术可行、经济合理原则，在规划设计、施工及运行维护等阶段开展可听噪声防治工作，是控制输变电工程可听噪声的有效方法。

3.1 可听噪声基础知识

本节从可听噪声的定义、表征指标及输变电工程可听噪声的形成机理三个方面对可听噪声的基础知识进行介绍。

3.1.1 可听噪声的定义

从环境保护角度分析，凡是影响人们正常学习、工作和休息的声音以及在特定人类活动情景中的“不需要的声音”，均可称为可听噪声。可听噪声的影响是多方面的，如损伤听力、影响睡眠、干扰工作等。

噪声污染与大气污染、固体废弃物污染和水体污染不同，具有如下特点：

（1）噪声污染没有实体污染物的存续。即噪声不会残留在环境中，没有后续效果作用，一旦声源停止辐射，噪声也随之消失。

（2）与其他污染相比，噪声的利用问题难以解决。目前能做到的只是利用机械噪声进行故障诊断，如对各种运行中的设备产生的噪声进行测量和频谱分析，以将其作为评价设备制造质量与健康程度的指标之一。

3.1.2 可听噪声的表征指标

对噪声的度量主要是从强弱和频谱两个方面进行。噪声强弱的量度常用的物理参量包括声压、声强、声功率等，其中声压和声强反映声场中声的强弱，声功率反映声源辐射噪声能力的大小，频谱则反映噪声在频域中各频率分量的分布及对应幅值的大小。

1. 声压与声压级

声压是指声波传播时，在垂直于其传播方向的单位面积上引起的大气压的变化，用符号 P 表示，单位为 Pa 或 N/m^2。声压的大小反映了声波的强弱。具体而言，声波的存在使局部空气被压缩或拉伸，形成疏密相间的空气层，被压缩的地方压强增大，拉伸的地方压强减小。

声压的变化范围很大，为方便使用，将声音的声压 P 与基准声压 P_0 的比值取以 10 为底的对数再乘以 20，记作 L_p，称为声压级，数学表达式为

$$L_p = 20\lg\frac{P}{P_0} \tag{3-1}$$

式中 L_p —— 声压级，dB；

P —— 声压，Pa；

P_0 —— 基准声压，$P_0=2\times10^{-5}$ Pa。

2. 声强与声强级

声波平均能流密度的大小称为声强，用符号 I 表示，单位为 W/m^2。

实际工作中，指定方向的声强难以测量，通常是测出声压，进而计算求出声强。当声波在自由声场中以平面波或球面波传播时，声强与声压的关系为

$$I = \frac{P^2}{\rho c} \tag{3-2}$$

式中 I —— 声强，W/m^2；

P —— 声压，Pa；

ρ —— 空气密度，kg/m^3；

c —— 空气中的声速，m/s。

对于人耳，其可以感知的下限声强为 $10^{-12}W/m^2$（可听阈），而人耳能忍受的上限声强为 1 W/m^2（烦恼阈）。由于该宽泛的范围不利于表述，同时人耳对声强变化的感知与声强的对数值近似成正比，因此引入声强级来描述声强的大小

$$L_I = 10\lg\frac{I}{I_0} \tag{3-3}$$

式中 L_I —— 声强级，dB；

I —— 声强，W/m^2；

I_0 —— 参考声强，$I_0=1\times10^{-12}\ W/m^2$。

3. 声功率与声功率级

单位时间内声源向外辐射的总声能量叫作声功率，用符号 W 表示，单位为 W。声功率反映了声源本身的特性，与声波传播的距离以及声源所处的环境无关。

在自由声场中，声强与声功率之间的关系为

$$I=\frac{W}{S}=\frac{W}{4\pi r^2} \tag{3-4}$$

式中 I —— 距离声源 r 处的声强，W/m^2；

W —— 声源辐射的声功率，W；

S —— 声波传播的面积，m^2；

r —— 与声源的距离，m。

而一个声源的声功率级等于这个声源的声功率与基准声功率的比值的常用对数乘以 10，记作 L_W[dB(A)]，其表达式为

$$L_W=10\lg\frac{W}{W_0} \tag{3-5}$$

式中 L_W —— 声功率级，dB；

W —— 声源的声功率，W；

W_0 —— 基准声功率 $W_0=10^{-12}W$。

4. 噪声频谱

在弹性媒质中，如果声源周期性振动，那么就会引发周围媒介产生周期性的疏密变化。声波中的媒质质点在一秒钟内振动的次数即称之为频率，频率 f 的单位为 Hz（赫兹）。

频率是描述噪声特性的主要参数之一，是研究噪声强度（声压级、声强级等）频域分布特性的必要条件。把某一噪声中所包含的频率分量，以频率为横轴、幅值为纵轴做出分布图，称为该声音的频谱，如图 3-1 所示为现场实测得到的运行中的全户内变电站变压器的可听噪声频谱。

借助噪声频谱实现的对噪声的频段及对应幅值的分析称为频谱分析。其可为噪声控制提供目标频段指引。

5. 计权声级

人耳对于不同频率声音的敏感程度不同，对于高频的声音，特别是频率为 1000~5000Hz 的声音较为敏感，而对于低频声音，特别是 100Hz 以下的声音较

不敏感，即声压级相同的声音会因为频率的不同而使人产生不一样的主观感觉。为使测量仪器输出的信号能够与响度级一样符合人耳的听觉特性，在声级计内加入一套滤波网络，并参照等响曲线对某些人耳不敏感的频率成分进行适当的衰减、同时对那些人耳敏感的频率成分予以加强，则可以使声音的客观量度和人耳的主观感受尽可能取得一致。这种修正的方法称为频率计权，实现频率计权的网络称为计权网络，而经过计权网络测得的声级称为计权声级。

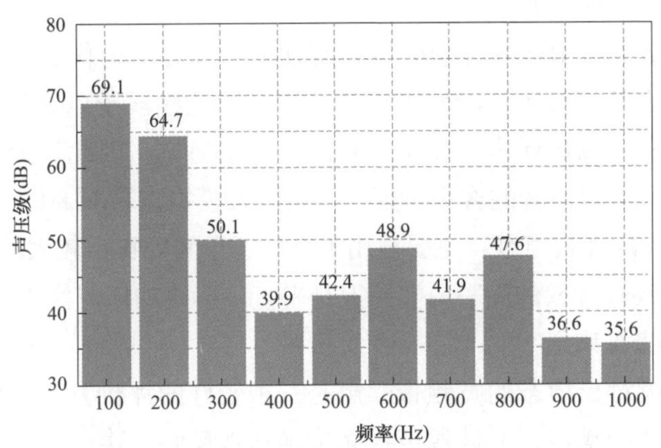

图 3–1 运行中全户内变电站变压器可听噪声频谱

常用的计权网络有 A、C、Z 等多种计权网络，对应的修正量曲线如图 3–2 所示。

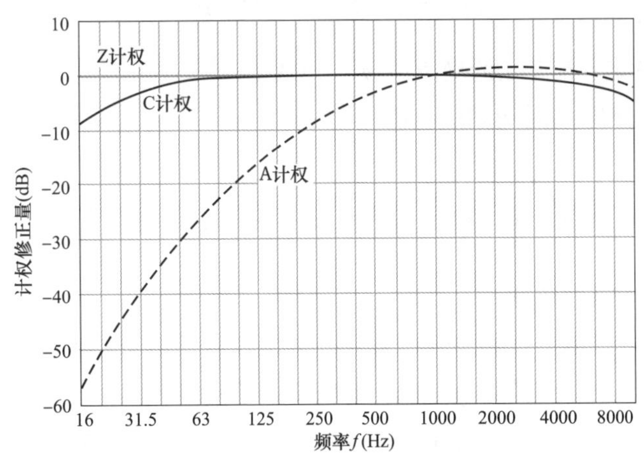

图 3–2 A、C、Z 计权的修正量曲线

A 计权网络以 40 方等响曲线为基准进行设计，记作 L_A，单位为 dB(A)。其特点是模拟人耳对低频噪声（<500Hz）不敏感、衰减较大，对高频噪声则可不衰减或稍有放大。这样计权的结果，使得仪器响应对低频噪声的灵敏度降低，对高频噪声的灵敏度升高。实践证明，A声级基本上与人耳对声音的感知一致；此外，A声级与不同人耳听力损伤程度的匹配度很高。因此，国内外在噪声测量与评价中普遍采用A声级。但是两个声源A声级大小一样时，其频谱特性可能相差很大，即A声级不能全面地反映噪声源的频谱特性，故A声级无法完全代替其他的噪声计权声级。

C计权网络是以100方等响曲线为基准进行设计，记作L_C，单位为dB(C)。其特点是只对人耳在可听声频范围内的高频段和低频段予以衰减，在大部分频域保持平直响应，以确保声音在不衰减的情况下通过。因此认为依据C计权网络得到的C声级是对声音的客观量度，一般用来模拟人耳对80dB以上的高强度噪声的频率特性的计权声级，主要被用于机场、车间等噪声较大的环境评价。

Z计权是Zero计权的简写，实际上是平直、不叠加任何修正量的含义。

6. 等效连续A声级

A计权声级对于稳态的宽频带噪声是一种较好的评价方法，但是对于声级起伏或者不连续的噪声，A计权声级无法确切地反映噪声的特点。对于声级起伏或者不连续的噪声，采用噪声能量按时间平均的方法来评价噪声对人的影响更为确切，因此确立了将等效连续A声级作为评价参量的方法。等效连续A声级又称等能量A计权声级，其符号用L_{Aeq}表示，数学表达式为

$$L_{Aeq}=10\lg\frac{1}{T}\int_0^T 10^{\frac{L_{Ai}}{10}}\mathrm{d}t \tag{3-6}$$

式中　L_{Ai}——某一时刻t的噪声声级，dB(A)；

T——测定的时间间隔，s。

3.1.3　输变电工程的可听噪声形成机理

1. 变电站的可听噪声

变电站噪声源主要有变压器、高压并联电抗器、风机等设备。

（1）变压器（高压并联电抗器）可听噪声形成过程。

由于变压器同高压并联电抗器结构、振动传播路径均相似，现将两者的可听噪声形成过程一并介绍。

基于电磁感应原理，在电网中正常运行的变压器（高压并联电抗器）内部，一次绕组中的励磁电流激发经铁芯芯柱、铁轭闭合的主磁通及经部分芯柱或铁

轭与铁芯外部回路闭合的漏磁通，主磁通在二次绕组中感应出电动势，在负载接入后，即在二次绕组中形成正常运行的电流。

在这一持续进行的电磁能量转换过程中，如图 3–3 所示，在油浸式变压器（高压并联电抗器）内部，对于铁芯，流经其中的主磁通诱发铁芯的磁致伸缩继而导致铁芯的振动，而在堆叠成芯柱或铁轭的硅钢片的接缝处及叠片间，亦会因磁通诱发的电磁力而引起铁芯的振动。对于绕组，负载电流持续流经绕组时，由漏磁通在绕组间生成的电磁力则引发绕组的振动。在油箱箱体侧壁位置，漏磁通也会引起油箱壁（含磁屏蔽）的振动。

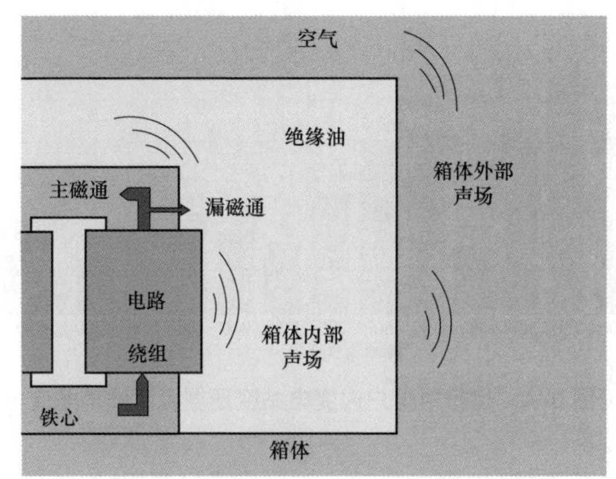

图 3–3　变压器（高压并联电抗器）可听噪声的产生过程

上述铁芯与绕组的振动经如下两条路径传至箱体：

路径 1，固体传播路径。在该路径中，铁芯中的振动经铁芯底部的紧固件及铁芯与壳体间的连接件传至箱体；绕组中的振动，经绕组线饼之间的垫块、绕组与支撑件间的垫块传至绕组底部的支撑件，进而传至箱体。

路径 2，包含绝缘油的传播路径。油浸式变压器高位储油柜的设计保证了箱体中固体结构外的空间由绝缘油充满，因而铁芯及绕组的振动可在绝缘油中激发声波，该声波作用于箱体内壁后，诱发箱体轻微振动。

上述传递至箱体的振动，连同漏磁通诱发的箱体振动及散热器轴流风机叶片的振动，在变压器（高压并联电抗器）周边空间内激发声场。运行中的某一半户内变电站变压器可听噪声频谱如图 3–4 所示。

（2）通风风机可听噪声形成过程。

通风风机噪声主要由空气动力、机械振动或二者共同作用产生，其强度大、波及范围广。空气动力产生的噪声包括冲击噪声和涡流噪声。冲击噪声指风机高速旋转时，叶片周期性运动使空气介质中的质点在周期性力的作用下，诱发冲击压强波而产生的噪声。涡流噪声指叶轮高速旋转时，因气体边界层分离而产生的涡流所引起的噪声。机械振动产生的噪声，指回转体的不平衡及轴承的磨损、破坏等原因所引起的振动产生的噪声。空气动力与机械振动协同作用时，叶片旋转引起的自身振动在管道中传递时，往往在管道弯曲部分发生冲击和涡流，使噪声增大，该噪声分布频带较宽，低、中、高频段频率分量均较为丰富，且无明显峰值。某变电站内轴流风机噪声频谱如图 3-5 所示。

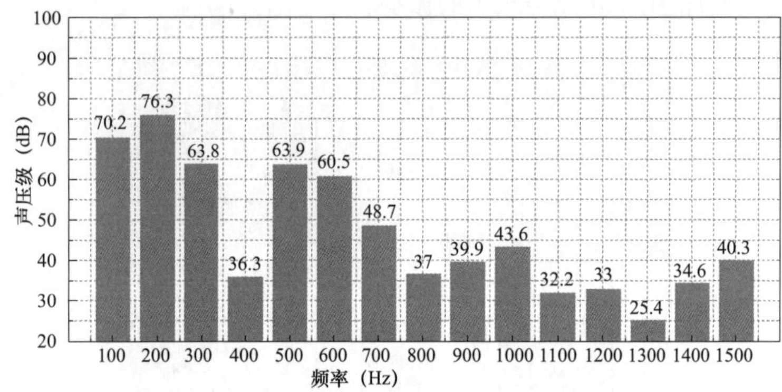

图 3-4　运行中半户内变电站变压器可听噪声频谱

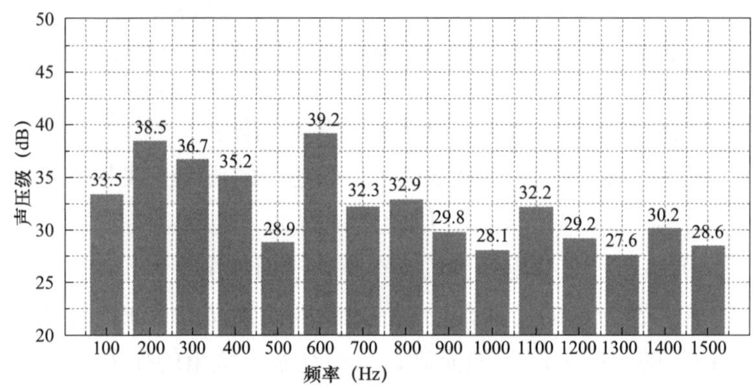

图 3-5　某变电站内轴流风机噪声频谱

2. 换流站的可听噪声

换流站主要噪声源有换流阀、交流滤波器场里的滤波器组、平波电抗器、换流变压器、空调冷却机组等设备。为与变电站内主要声源设备可听噪声机理相区分，此处仅介绍换流阀、交流滤波器场里的滤波器组、平波电抗器、空调冷却机组的可听噪声形成过程。

（1）换流阀可听噪声形成过程。运行中的阀厅内会产生较大的噪声。换流阀导通和关断会引起晶闸管的阻抗快速变化，导致换流阀和晶闸管内电流快速突变，此过程伴随频率分量丰富、能量较高的电磁噪声产生，其幅值多分布于80~95dB(A)，频谱频率分量主要集中在中高频频段，如图 3-6 所示。

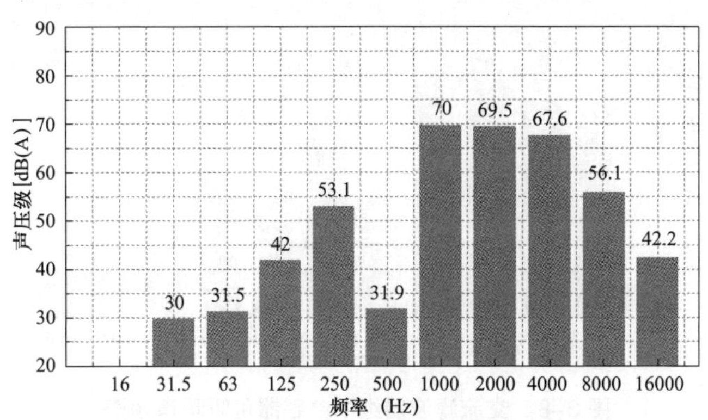

图 3-6 运行中换流站阀厅内噪声频谱

（2）交流滤波器组可听噪声形成过程。交流滤波器组中的滤波电抗器多采用多层并联筒式结构，即用较细的绝缘铝线在绕线模上绕制单层线圈，将多个单层线圈用浸渍环氧树脂的长玻璃纤维丝束包绕，构成一个包封，多个包封叠绕后固化形成坚固整体。其噪声由载流绕组和交变磁场相互作用产生的绕组振动引起。该噪声的幅值通常在 65~80dB(A)，其频谱低频部分有明显的峰值，在中高频部分的峰值则来自其整体结构响应，其典型的频谱如图 3-7 所示。

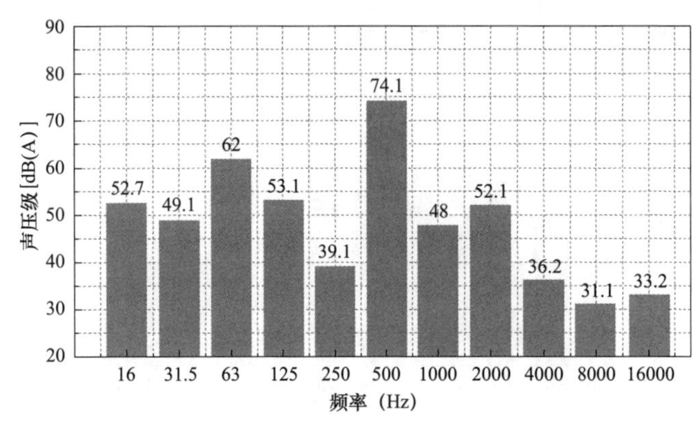

图 3-7 交流滤波器组中电抗器可听噪声频谱

在交流电压作用下，交流滤波器组中电容器介质内的电极间电场力将使电容器内部的元件产生振动，这种元件振动将传递给外壳引起箱壁振动并最终变为噪声辐射至空气。该噪声幅值通常为 70~90dB(A)，其频谱以低频噪声为主，典型的频谱如图 3-8 所示。

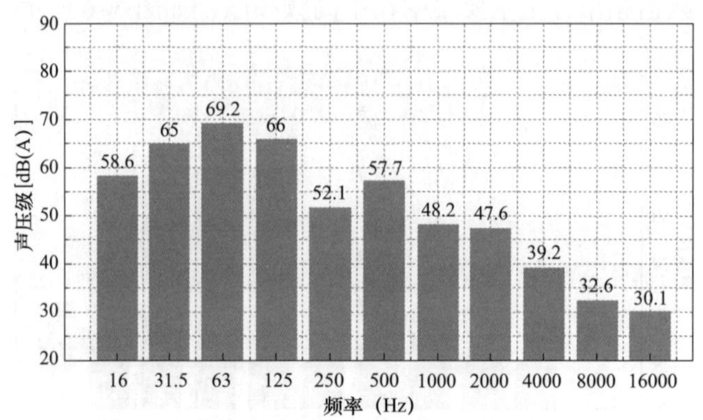

图 3-8　交流滤波器组中电容器可听噪声频谱

（3）平波电抗器可听噪声形成过程。在换流站内，平波电抗器串联在直流系统中，用以降低交流电流成分及暂态过电流。同变电站内滤波电抗器类似，平波电抗器也多采用多层并联筒式结构，其辐射噪声的主要原因是直流电流和谐波电流相互作用引起线圈振动，继而在空气中激发声场。由于整流装置采用 12 脉冲桥结构，其谐波主要为 12 次及 24 次谐波，因而平波电抗器噪声中 600、1200Hz 分量较为突出。额定工况时平波电抗器的噪声水平通常在 80~95dB(A)。运行中换流站平波电抗器噪声频谱如图 3-9 所示。

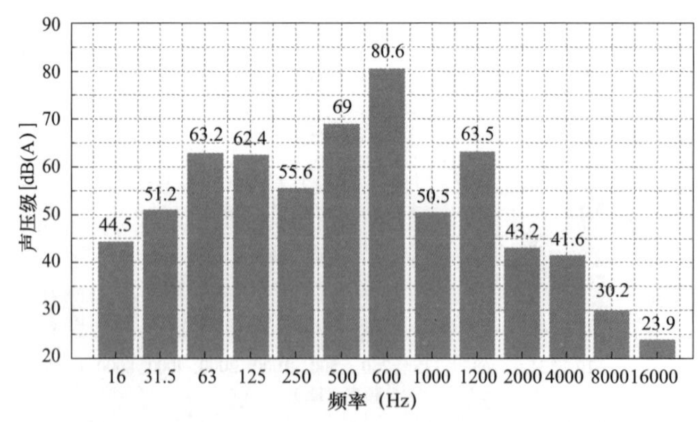

图 3-9　运行中换流站平波电抗器噪声频谱

（4）空调冷却机组的可听噪声形成过程。与通风风机可听噪声形成过程类似，空调冷却机组的可听噪声也由冲击噪声、涡流噪声与机械振动产生的噪声叠加而成，但由于空调冷却机组功率较大、风道结构复杂，因而其可听噪声频谱与轴流风机噪声频谱存在一定的差异。图 3-10 所示为某换流站内距离声源 1m 处测量的空调冷却机组噪声频谱。

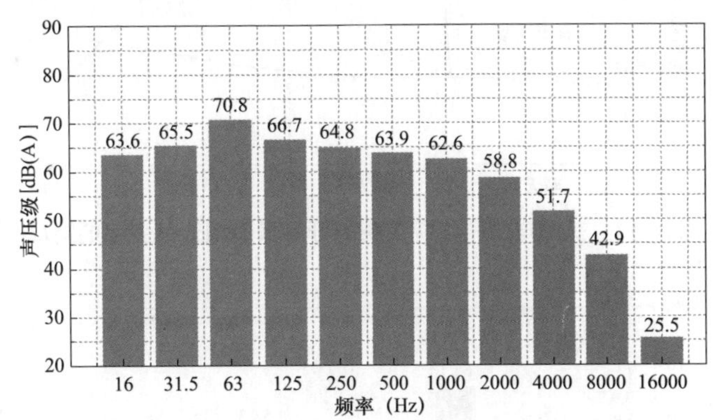

图 3-10　运行中换流站空调冷却机组噪声频谱

3. 输电线路的可听噪声

输电线路噪声主要为电晕放电产生的可听噪声。

电晕放电产生可听噪声的具体过程如下。带电导体工作时，导体附近存在电场。如果电场强度达到气体电离的临界值，自由电子在撞击前积累的能量足以从气体原子中撞出电子，并产生新的离子，此时在导线附近小范围内的空气开始电离。伴随着电离及放射的复合过程，辐射出大量光子，在黑暗中可以看到在导线附近空间有蓝色的晕光，同时还伴有嘶嘶声，这种特定形式的气体放电称为电晕放电，放电过程中气体分子的强烈振动而激发的噪声称为电晕噪声。

同样，在直流电压作用下，负极性电晕或正极性电晕均在尖端电极附近聚集起空间电荷。故高压直流线路正常工作时，必然伴随一定程度的电晕噪声。直流输电线路与交流输电线路不同，前者在晴天时的可听噪声比雨天时的大。图 3-11 给出了美国电力科学院实测的交流和直流线路可听噪声随天气变化的情况，从噪声的角度说明了雨对输电线路电晕效应的影响规律。图 3-12 给出了某运行中特高压同塔双回输电线路在大雨条件下边相外 10m 处的噪声频谱。由图 3-12 可知，大雨条件下同塔双回输电线路噪声频谱中 100Hz 处频谱幅值最高，达到 66dB 以上，远超出其他频率分量的幅值。

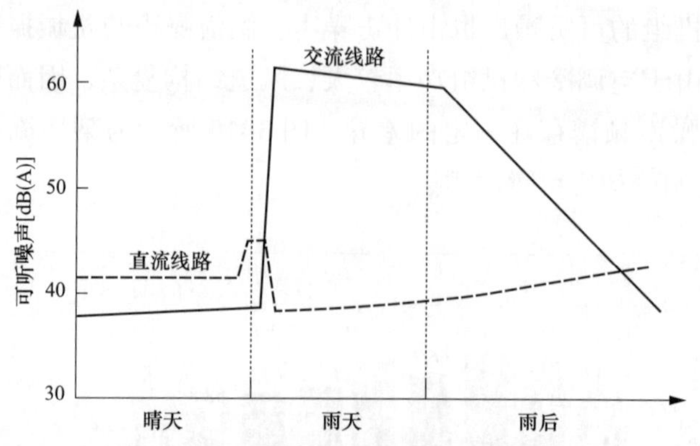

图 3–11　美国电力科学院实测的可听噪声随天气变化的情况

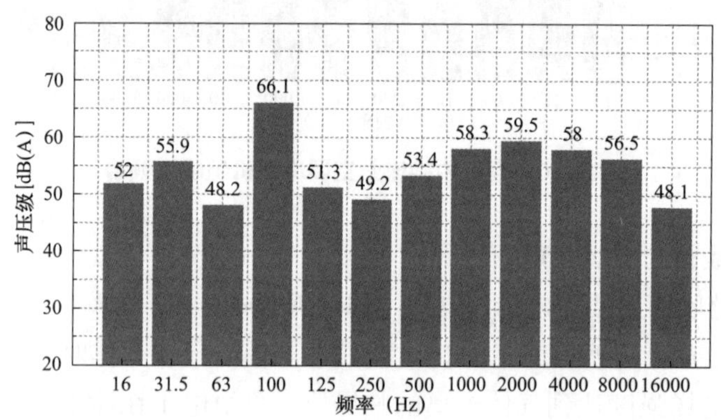

图 3–12　某运行中特高压同塔双回输电线路在大雨条件下的噪声频谱

3.2　可听噪声的影响

输变电工程可听噪声指在电能传输与分配过程中由固定设备等产生的、在特定厂界处进行测量和控制的干扰周围生活环境的声音，是周边居民对输变电设施产生的客观声音的主观感受。

超限值的噪声对居民的影响和危害主要表现为对听力、神经系统和心血管系统等方面的影响。对于仪器设备，高强度的可听噪声可诱发仪器设备部分材料振动以致疲劳，继而对设备正常运行构成风险。

3.2.1 生理效应

双耳是非常灵敏且准确的声音能量转换和分析器官，在距离较近且长期曝露的情况下，变电站设备运行时所产生的可听噪声会对人耳造成生理损伤，这种损伤主要表现在以下两个方面：

（1）听觉灵敏度的降低。这种损伤不同于为保护听觉系统而产生的听反射所引起的短时间内听阈提高的现象，长时间曝露于高强度噪声环境中，由于毛细胞的活性降低，这种听阈提高的现象最终会变成永久性的。

（2）听觉分辨能力受损。为耳蜗的正反馈结构因噪声而导致损伤后，则会造成两种结果：①分离不同声音成分的能力减弱，由此降低理解语言或从嘈杂的噪声环境中分离所需声音的能力；②听觉灵敏度的降低，表现为所察觉声音响度级的降低及分析、理解声音能力的降低，如图 3–13 所示。

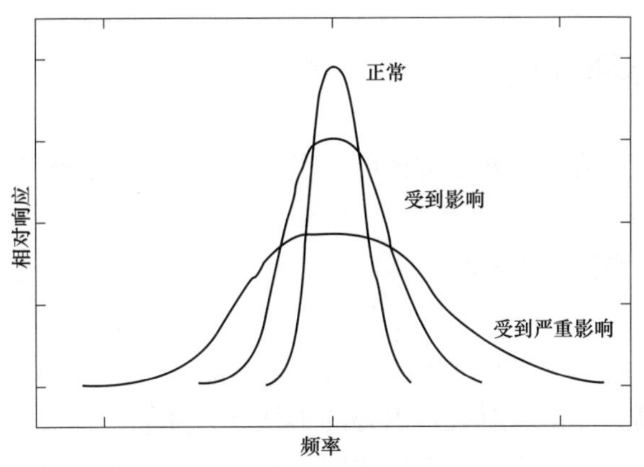

图 3–13 噪声曝露对临界频带的影响

另外一种由于过度承受噪声引起的听力受损现象称为耳鸣。耳鸣是耳蜗自发产生噪声的情形，对于噪声性耳鸣，一旦曝露在较强的噪声中就会引发，且公开数据表明患有噪声性耳鸣的患者更容易诱发噪声性听力损伤。

由于噪声性听力损伤是由过度曝露在较强噪声中引起，因此较容易发生在听觉灵敏度较高的频率上，大约为 4kHz，这也是大多数人最早出现听力损伤的频率。出现在该频率的听力损伤通常表现为测听凹陷，即听力图曲线出现明显的谷点，如图 3–14 所示。

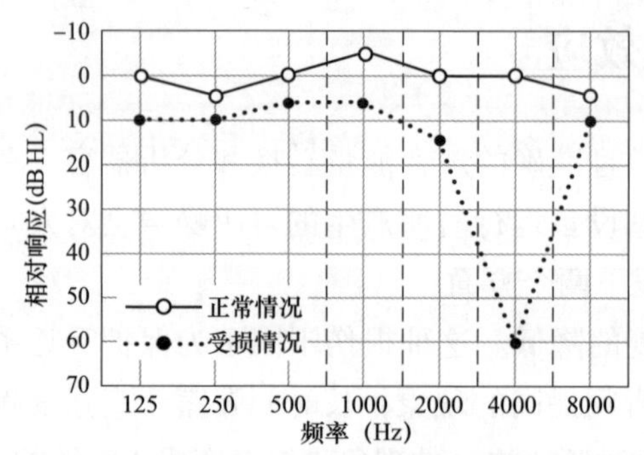

图 3-14　曝露正常人与听力损伤者的听力图对比

这种特殊的听力测试曲线说明听力损失是由于过度的噪声曝露引起的，而不是老年性听力衰退呈现的高频损失。而输变电工程产生的可听噪声一般不会对周边居民的听觉生理构成影响。

3.2.2　心理效应

噪声的心理效应包括两个方面的含义：①噪声对工作效率的影响；②噪声引起的烦恼。

1. 噪声对工作效率的影响

噪声对工作效率的研究大都是在实验室条件下进行的，对应试验结果表明：在噪声条件下，测试者敏感度下降，失误率增加，如在 45~85dB(A) 范围内，随噪声强度的提高，测试者对表格内容的再认能力降低，且长期高强度噪声曝露对人体的瞬时记忆及注意力均会造成明显的损害。而噪声对作业的影响，不仅与噪声和作业的性质有关，而且操作者本身的特点以及操作者对噪声的认知、态度等心理因素、个性特点也会对噪声效应产生一定的影响。例如佩西沃尔的实验证明，操作者关于自己是否能控制噪声的认识对操作效率的影响要比噪声频谱分布的影响更大。

2. 噪声与烦恼

噪声会引起人的烦恼，但是同样强度的噪声引起的烦恼往往随情境和对象的不同而不同。噪声烦恼的效应受多种因素的影响，它们可分为听觉和非听觉两个方面的因素。

（1）噪声烦恼的听觉因素。通常强度较大、频率较高（大于 1kHz）、持续时间较长、噪声源位置较不固定的噪声，容易使人产生烦恼。

（2）噪声的非听觉因素。影响噪声烦恼的非听觉因素涉及面较广，它与人的主观认知状态、个性等心理因素有关。如果一种噪声是不可预计的，人们无法对它加以控制，或噪声对人体健康和安全有较大影响，噪声就容易引起人们的烦恼。

3.2.3 对仪器设备的影响

噪声对仪器设备的影响有使仪器设备受到干扰、失效或损坏三种情况。噪声作用到仪器设备有两个途径：①噪声通过面板直接作用于内部元件、器件；②外部结构的振动传输至框架和电路板，使元件、器件受振动激发。振动的大小同噪声强度和频率有关，也同仪器设备的元件、器件及其系统的共振有关。实验表明，对于体积大的元件、器件和系统，两种传输途径都起作用。对于小型元件、器件，声激励的作用比结构振动的作用要小。

噪声对仪器设备的影响同噪声的强度、噪声的频谱以及仪器设备本身状况和安装方式有关。一般说来，电阻、电容器和晶体管等只有处于150dB以上的噪声场中才会受到影响。而对于电子仪器，噪声强度超过135dB就可能对敏感的电子元器件和部件造成影响。例如加速度计的某些频率输出会增强、某一测量引线会脱焊；微调电容器会失调、印刷电路板或板的连接部分会接触不良或断裂。输变电工程噪声水平对仪器设备不构成影响。

3.3 可听噪声的测量及评价

本节从测量仪器、测量方法、评价方法三个方面对输变电工程可听噪声的表征方法进行介绍，并将测量与评价结果汇总于噪声水平统计，以反映现有输变电工程的噪声水平。

3.3.1 可听噪声测量原理及仪器

现有的噪声测量原理主要基于声压法和声强法，还有一种基于同步测量原理的声阵列系统，均属于非接触式测量。声压法测量方便简单，应用广泛，但是此方法对背景噪声的影响较为敏感，所以需要一个符合声学标准的测量环境（不一定是声学实验室）或符合声学标准的自由场环境。声强法的最大优点是能在一定程度上减少背景噪声带来的影响，但声强法的测量过程非常繁琐，实验条件较为苛刻。声阵列系统包括软件算法、采集硬件、麦克风组及支架等，具有方向辨别、频率分析等能力，但设备构成复杂、携带不便且价格较昂贵。表 3–1 为几种噪声测量原理的对比图。

表 3–1 噪声测量原理对比

原理	对应仪器	优点	缺点
声压法	声级计（配有 FFT 分析仪或滤波器）	操作简单且快速	需要某种测量实验室或自由场条件；对背景噪声和声音反射较敏感
声强法	声强仪	正确操作下为最精确的方法；不受背景噪声的影响	耗时较长；需要两个传声器和专用软件；使用的设备比声压法昂贵
声阵列同步测量	软件系统 + 摄像设备 + 声阵列 + 支架	精准定位噪声源，具有方向性辨别、频率分析等能力	设备构成复杂，携带不便且价格昂贵

1. 声级计

按照《电声学 声级计 第 1 部分：规范》（GB/T 3785.1—2010），声级计按照精度分为 1 级和 2 级，1 级和 2 级声级计的差别主要体现于最大允许误差、工作温度范围和频率范围的不同：

（1）2 级声级计准确度低于 1 级；

（2）2 级声级计的工作温度范围 0~40 ℃，1 级为 –10~50℃；

（3）2 级声级计的频率范围一般为 31.5~8kHz，1 级的频率范围为 31.5~12.5kHz。

测量仪器其性能需符合《电声学 声级计 第 1 部分：规范》（GB/T 3785.1—2010）的规定，且需要定期校验。手持式声级计及对应的声校准器如图 3–15 所示。

图 3–15 手持式声级计及声校准器

2. 声强仪

声强仪设备构成较为复杂，测量过程耗时也较长。便携式声强测量分析系统由电脑、测量采集系统和声强测量分析软件组成，其测量探头如图 3–16 所示。这种测量分析系统可以在非实验室声学环境中准确测点、面声源的声功率级，但是设备调试、测量都较为繁琐，因而应用较少。

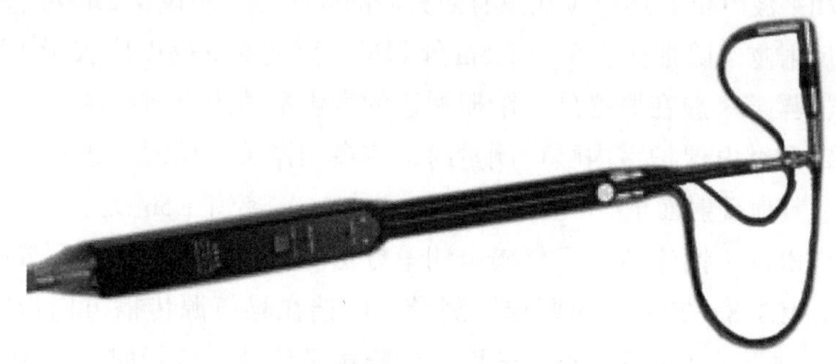

图 3–16　声强仪探头

由于声压测量的原理简单、测量设备比较成熟，因此在噪声测量中，一般测量的是声压级（或声压），通过测得的声压级经计算也可以得到声强、声强级和声功率、声功率级，因而直接基于声强法的噪声测量仪器使用较少。

3. 声学相机

声学相机是一种致力于声源定位的噪声测量仪器，作为一种基于传声器阵列相控原理的新型噪声测量设备，不仅应用在飞机、汽车的噪声测量领域，还在家电、水下设备噪声测量等领域取得了广泛的应用，其可将复杂的声学信息可视化，在听觉和视觉之间建立高效的联系，使对声学信号的分析和诊断变得简单明晰。但由于目前声学相机设备组成较为复杂，价格较为昂贵，因而目前尚未得到大规模的推广应用。

3.3.2　可听噪声测量方法

1. 测量条件

（1）测量仪器为准确度 2 型及以上积分式声级计或噪声统计分析系统，且仪器必须定期校验，测量时必须持有仪器的有效检定证书，且测量时间处于检定证书有效期内。

（2）测量应在无雨、无雪的天气条件下进行。在雨、雪等特殊气象条件下测量时，应在报告中注明。风速高于 5m/s 时停止测量。

2. 变电站（换流站）噪声测量方法

（1）变电站（换流站）内噪声测量方法。参考《声学　环境噪声的描述、测量与评价　第2部分：环境噪声级测定》（GB/T 3222.2—2009），变压器、换流变压器和平波电抗器噪声应在没有防火墙的同一侧，距设备3m处，并尽可能在离任何反射物（除地面）至少3.5m外测量，离地面的高度应大于1.2m以上；交流滤波器噪声一般在栅栏外、沿栅栏边的噪声最值附近进行测量；机电设备室、控制室和继电保护室内噪声测量时，应在门窗关闭情况下进行，测量位置应距墙面或其他反射面至少1m，离地面1.2~1.5m，离窗1.5m处。

（2）变电站（换流站）厂界噪声测量方法。根据《工业企业厂界噪声排放标准》（GB 12348—2008）的要求，测量点应选在噪声源传播方向或距噪声源较近的法定站界外1m、高度1.2m以上的噪声敏感处。测量时，采用等间隔布点法，每两点间的声级差不超过3dB(A)；或采用等声级布点法，声级间隔可选择3dB(A)或5dB(A)。如果站界有围墙，测量点应高于围墙；若厂界外有住户且噪声值大于当地环境部门规定的噪声等级值并对周围住户有干扰时，应对住户室外进行测量，必要时也可在室内进行测量，应根据《声环境质量标准》（GB 3096—2008）和《工业企业厂界噪声排放标准》（GB 12348—2008）选择测量位置，测量时传声器应对准噪声源方向。

3. 输电线路噪声测量方法

依据《架空送电线路可听噪声测量方法》（DL 501—2017），输电线路噪声的测量应遵循如下要求：

（1）测量条件。测量场地应选择在地面比较平坦开阔、周围无障碍物的半自由声场空间内；应尽量避免背景噪声的干扰，必要时可在夜间测量；实施测量时，环境的风速不应大于5m/s。测量前、后均应使用声校准器对声级计进行校准，校准的示值偏差不得大于0.5dB，否则测量无效。

（2）测量位置。

1）在挡距中央测量架空输电线路噪声时，应选择在两侧塔高基本相同的档距，测点距交流架空输电线路外侧相导线或距直流架空输电线路正极性导线对地投影外侧20m处。

2）在架空输电线路转角、换相杆塔跳线处测量噪声时，测点可布置在垂直于杆塔内外侧跳线方向且距跳线地面投影外侧20m处，也可在杆塔两侧架空输电线路导线所成夹角的平分线上且距跳线地面投影外侧20m处。

3）测量架空输电线路噪声的横向衰减特性时，测点宜布置在挡距中央，垂直于架空输电线路的方向上，测点分别位于架空输电线路中心线、中心线与外侧（或正极）导线之间、外侧（正极）导线的下方以及距外侧（正极）导线的垂直投影距离 10、20、30、40m 和 50m 等处。

4）测量架空输电线路转角、换相杆塔跳线处噪声的横向衰减特性时，测点应布置在杆塔两侧架空输电线路所成夹角的平分线上，测点分别位于内外侧跳线的地面投影处以及距跳线地面投影外侧 10、20、30、40m 和 50m 等处。

3.3.3 可听噪声评价方法

输变电工程可听噪声评价程序如图 3–17 所示，具体评价流程如下。

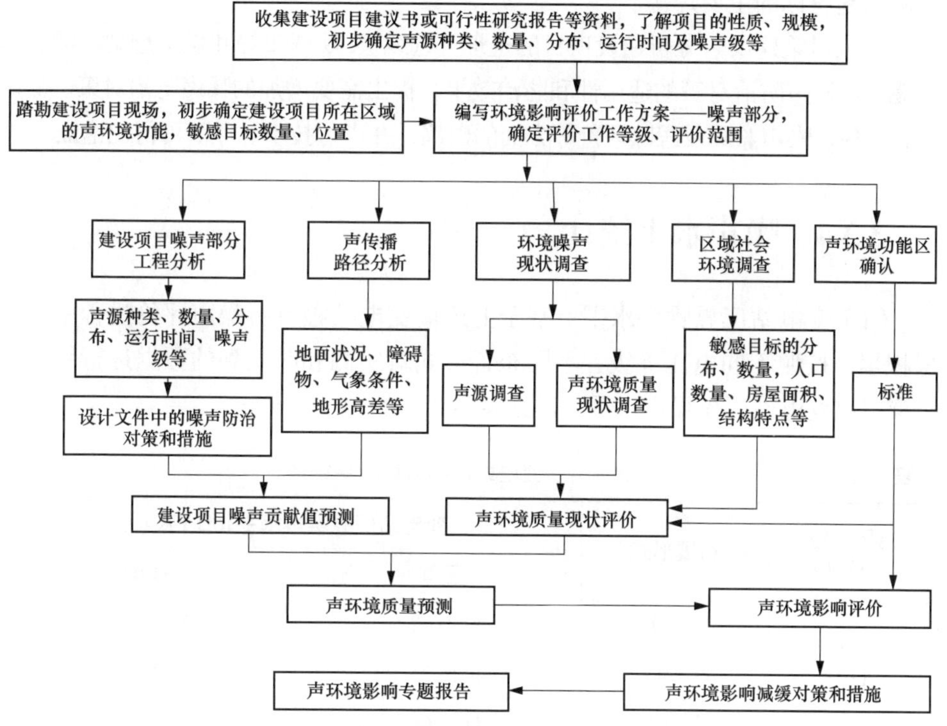

图 3–17 输变电工程声环境影响评价工作程序

1. 确定评价标准

应根据声源的类别和建设项目所处的声环境功能区等确定声环境影响评价标准，没有划分声环境功能区的区域由生态环境主管部门参照《声环境质量标准》（GB 3096—2008）和《声环境功能区划分技术规范》（GB/T 15190—2014）的规定划定声环境功能区。

2. 确立评价的主要内容

（1）评价方法和评价量。根据噪声预测结果和环境噪声评价标准，评价建设项目在施工、运行期噪声的影响程度、影响范围，给出厂界及敏感目标的达标分析。

进行敏感目标噪声环境影响评价时，以敏感目标所受的噪声贡献值与背景噪声值叠加后的预测值作为评价量。

（2）影响范围、影响程度分析。给出评价范围内不同声级范围覆盖下的面积，主要建筑物类型、名称、数量及位置，影响的户数、人口数。

（3）噪声超标原因分析。分析建设项目厂界及敏感目标噪声超标的原因，明确引起超标的主要声源。

（4）对策建议。分析建设项目的选址（选线）、规划布局和设备选型等的合理性，评价噪声防治对策的适用性和防治效果，提出需要增加的噪声防治对策、噪声污染管理、噪声监测及跟踪评价等方面的建议，并进行技术、经济可行性论证。

3.3.4 噪声水平统计

（1）变电站厂界噪声水平。基于上述输变电工程可听噪声评价过程中的数据积累，按照不同电压等级、不同布置形式对实测和收集到的数据进行统计分析，得出变电站厂界噪声水平，详见表 3–2。

表 3–2　　变电站厂界噪声水平统计

电压等级（kV）	布置形式	变电站厂界噪声水平 [dB（A）]	
		昼间	夜间
110	户 外	39.3~72.5	36.7~69.8
	半户内	40.5~71.3	38.2~65.2
	全户内	41.3~68.7	40.3~63.9
220	户 外	38.6~73.0	36.4~67.3
	半户内	40.8~63.5	37.4~56.5
	全户内	42.0~67.3	36.9~55.3
330	户 外	36.8~64.3	37.0~56.8
500	户 外	37.7~59.1	36.8~57.6
750	户 外	37.9~65.6	37.2~65.1

通过表 3-2 可以看出，变电站厂界噪声水平与变电站电压等级关系不大，尽管 330 kV 及以上变电站电压等级较高，站内噪声源强较高，但是厂界噪声水平未必比 110 kV 及 220 kV 变电站的高，主要是因为变电站厂界噪声水平不仅与站内噪声源强有关，更与变电站平面布局、所处声功能区划、周边背景噪声水平等密切相关。对于 110kV 和 220 kV 变电站，当变电站位于市区，受周围交通、工业、商业环境噪声等影响较大，声环境容量较小，导致厂界噪声较高。此外，位于市区的 110 kV 和 220kV 变电站由于地价限制，一般设计较为紧凑，导致噪声自然衰减区域面积受限，因而从平面布置上来说，较短的衰减距离也是导致变电站厂界噪声较高的原因之一。

（2）输电线路噪声水平。交流线路（边相导线投影处）可听噪声的测量平均值如表 3-3 所示。

表 3-3　交流输电线路可听噪声测量平均值（昼间）

电压等级（kV）	排列方式	噪声水平 [dB（A）]	备注
500	水平排列	33.6	雨后
500	转角换相	48.5	雨后
330	三角排列	36.5	海拔 1000m
220 及以下	—	淹没于背景噪声	背景噪声范围：28~35dB（A）

根据实测经验，在不同气候条件下，直流线路的可听噪声在夏季晴好天气时相对较高。对直流线路档距中央可听噪声测量结果如表 3-4 所示。

表 3-4　直流线路可听噪声测量平均值（昼间，夏季）

测量线路	电压等级（kV）	档距中央 dB(A)
葛上线	± 500	39.0
江城线	± 500	38.5
龙政线（华中段）	± 500	37.2
宜华线（华中段）	± 500	35.7
宜华线（华东段）	± 500	43.6
龙政线（华东段）	± 500	43.4

通过上述统计数据可知，输电线路的平均噪声水平一般低于变电站（换流站）厂界的噪声水平。

3.4 可听噪声控制措施

本节在对输变电工程常用的可听噪声控制技术进行介绍的基础上，按照输变电工程的不同阶段，对适用于规划设计、建造及运行维护不同阶段的可听噪声控制措施进行介绍。

3.4.1 可听噪声控制技术

1. 声辐射特性分析技术

声辐射特性分析技术是基于声源设备的几何结构特征及运行参数，借助多物理场耦合方法，实现对声源设备所辐射出噪声的特点在空间区域、频域内完成表征，一般分为远场声辐射特性分析与近场声辐射特性分析两个子项。声辐射特性分析的结果，可为规划设计阶段输变电工程的优化布局、运维阶段噪声抑制设备布放位置的寻优提供依据。

（1）远场声辐射特性分析。

下面以全户内变电站选用的分体式变压器为例，介绍变压器远场声辐射特性分析的图学特征及结论。

为与主变压器舱室的几何尺寸保持一致，此处将远场分析及后续指向性分析中的评估半径均设定为6.5m。考虑到在油浸式变压器噪声频谱中，幅值较大的频率分量集中在低于1kHz的频段，且结合图3–1所示的对同型号、同样运行条件的分体式变压器声压级现场噪声采集分析得到的频谱分析结果可知，在低于1kHz的频段中，100，200，300，600Hz及800Hz频率分量的噪声幅值均大于45dB，因而在远场分析中，上述频率被选定为主要的关注频率进行计算与分析。远场分析中参考平面与参考方向如图3–18(a)所示，对应的远场分析结果呈现于图3–18(b)~图3–18(d)中。

由图3–18呈现出的高度递增的分析平面上的分析结果可以获知，该分体式变压器具有如下的空间声辐射特性：

1）在同一分析平面上，随着频率的增加，对应的远场声压级曲线的平顺程度逐渐减弱，且作为主要的频率分量，100Hz及200Hz的幅值在绝大多数方向上大于 300、600 Hz 及 800 Hz 频率分量的幅值。

2）在同一分析平面上的某一特定频率的远场声压级分布曲线中，变压器箱体长边两侧的声压级的最大值大于变压器箱体短边两侧的声压级的最大值。对于 100Hz 频率分量，上述不同区域的声压级最大值的差值约为 20dB，对于 200Hz 频率分量，该差值略大于 14dB。

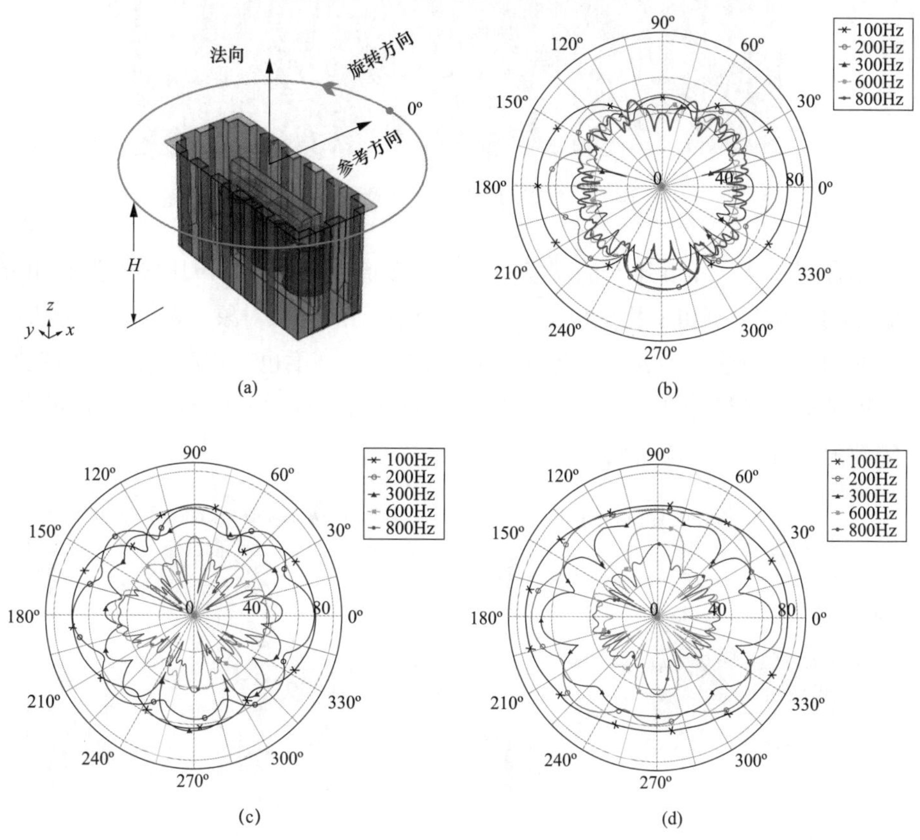

图 3–18　分体式变压器声辐射远场声压级 (dB) 分析

（a）计算平面（评估半径为 6.5m）；（b）1.5m 高度远场绘图；

（c）4m 高度远场绘图；（d）6m 高度远场绘图

3）随着分析平面由 1.5m 升高至 6m，100、200Hz 及 300Hz 频率分量的声压级的最大值略微增加，而 600Hz 及 800Hz 频率分量的最大值逐渐减小。

（2）近场声辐射特性分析。

以运行中的半户内变电站选用的一体式变压器为例，如图 3–19 所示，呈现变压器近场声辐射特性分析的图学特征及结论，如图 3–20 所示。

图 3–19　运行中的半户内变电站一体式变压器

结合图 3–4 所示变压器的现场实测噪声频谱，选择其中声压级大于 60dB 的 100、200、300、500Hz 及 600Hz 频率分量为主要的分析对象。在该近场分析中，选用的切面分析包含一距虚拟地面 1.5m 高度（该高度也是实测过程中声传感器距地面的高度）的水平面及两个互相垂直的竖直切面，其中声压级等值线及相应的数值也标注于对应平面。

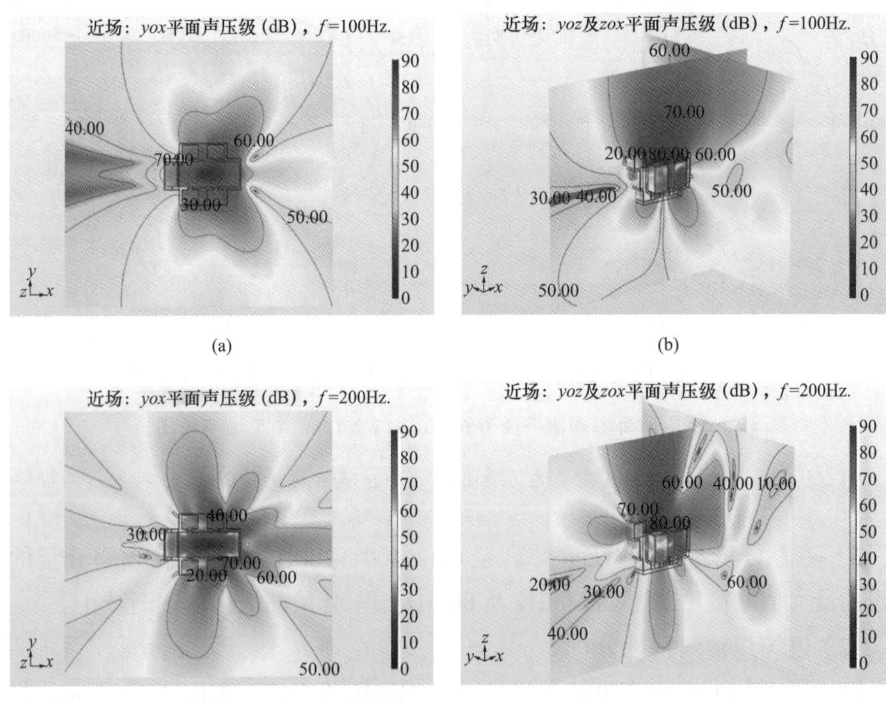

图 3–20　近场声压级多切面分布

(a)*yox* 平面 100Hz 声压级；(b)*yoz* 平面及 *zox* 平面 100Hz 声压级；(c)*yox* 平面 200Hz 声压级 (d)*yoz* 平面及 *zox* 平面 200Hz 声压级；(e)*yox* 平面 300Hz 声压级；(f)*yoz* 平面及 *zox* 平面 300Hz 声压级；(g)*yox* 平面 500Hz 声压级；(h)*yoz* 平面及 *zox* 平面 500Hz 声压级；(i)*yox* 平面 600Hz 声压级；(j)*yoz* 平面及 *zox* 平面 600Hz 声压级

由图 3–20 各分图呈现的频域声压级多切面分析可以得出，在近场范围内该油浸式变压器近场范围内的声辐射具有如下特点：

1）伴随着频率的增加，变压器近场范围内声压级分布的不规则程度逐渐增加。

2）在水平面内，声压级较大的区域分布在箱体长边两侧，对应的声压级最大值约为 70dB 左右；在竖直平面内，声压级较大的区域位于变压器箱体顶部，对应的声压级的最大值约为 80dB。

3）从 200 Hz 开始，箱体后部低压出线侧区域（x 轴正方向）的声压级最大值同箱体长边两侧区域的声压级最大值的差异逐步缩小，至 600Hz 时，箱体后部声压级大于 60 dB 区域的面积已经接近于箱体长边一侧声压级大于 60dB 区域的面积。

上述声辐射特性分析技术的分析结果，可直接用于输变电工程在规划设计阶段的布局优化及运行阶段噪声抑制设备布放位置的寻优。

2. 隔振技术

在物体振动的过程中，其振动一部分向空气中辐射形成噪声，另一部分则传递给基础。通常将振动频率分为 3 段：500Hz 以下为低频段，500~1000Hz 为中频段，1000Hz 以上为高频段。振动控制和噪声控制相似，也是从振动源、振动传播途径以及接受点三个环节进行治理。为服务于可听噪声控制这一根本目的，在输变电工程中多采用隔振器抑制声源设备的振动。

隔振器是一种弹性支承元件，其经特殊设计，使用时可作为机械零件来组合装配。常用的隔振器有钢螺旋弹簧隔振器、钢蝶形弹簧隔振器、橡胶隔振器、不锈钢丝绳隔振器及空气弹簧隔振器等。图 3–21 为两种常见的隔振器。

(a)

(b)

图 3–21　两种常见的隔振器

（a）钢螺旋弹簧隔振器；（b）橡胶隔振器

3. 隔声技术

隔声技术是噪声控制工程中的主要技术措施之一，一般分为空气声隔声技术和固体声隔声技术两类。空气声隔声技术就是利用屏蔽物来改变从声源至接受者之间途径上的噪声传播。例如把噪声较大的机器设备放置在隔声罩内，以减轻噪声对周围环境的影响；或者在噪声较高的车间、厂房内设立隔声间，使操作人员或精密仪器仪表受到保护。某声屏障常用的隔声材料及隔声量的测定结果如图 3-22 所示。

(a)

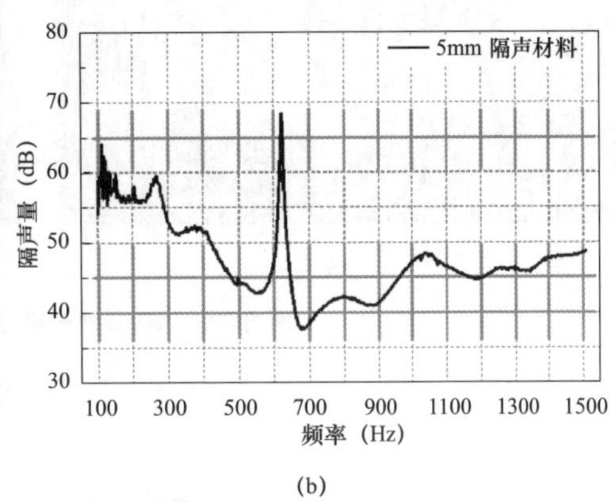

(b)

图 3-22　隔声材料试样及其隔声量测定结果

（a）某型隔声材料试样；（b）隔声量测定结果

固体隔声技术一般属于建筑声学的研究范畴，通常采用阻抗失配的原则来进行固体声的隔离。

4. 吸声技术

当声波入射到一个物体表面时，其中一部分能量被反射，另一部分能量被吸收。如果借助某些声学材料或声学结构人为地提高声能量的吸收，则可有效地减少噪声源周围壁面的声反射，从而达到降低噪声水平的目的。这种噪声控制技术称为吸声技术，所用的声学材料或结构称为吸声材料或吸声结构。图 3-23 为某吸声材料微观结构、表面形貌扫描电镜（Scanning Electron Microscope，SEM）照片及吸声系数、声阻抗率测试结果。

在实际生活中，同样的噪声源所发出的噪声，在室内感受到的响度远比在室外感到的响度要大，这是因为在室内所接收到的噪声除了有通过空气直接传来的直达声外，还包括室内各壁面多次反射回来的反射声（混响声）。大量实验表明，室内混响声可以使噪声的声压级提高 10~12dB(A)，而吸声处理措施则可以有效降低混响声。图 3-24 为某吸声材料吸声系数及声阻抗率测试结果。

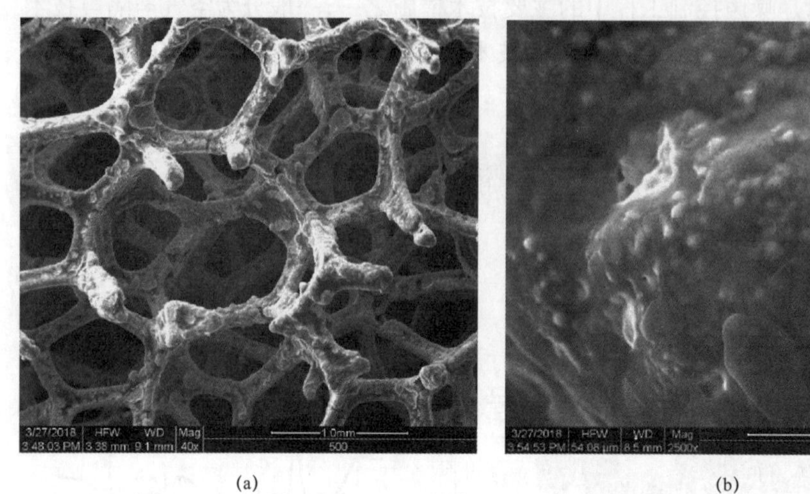

(a) (b)

图 3-23 吸声材料微观结构及表面形貌

(a) 吸声材料微观结构；(b) 吸声材料表面形貌

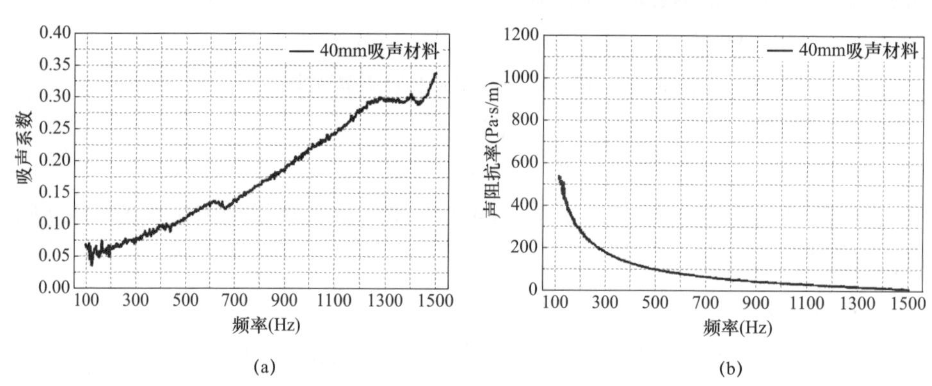

(a) (b)

图 3-24 某吸声材料吸声系数、声阻抗率测定结果

(a) 吸声系数测定结果；(b) 声阻抗率测定结果

5. 消声技术

消声技术是利用气流管道内不同结构形式的阻性材料实现声能吸收或通过管道内声学特性突变结构将部分声波反射至声源方向实现噪声抑制的技术。该技术具体的呈现形式为消声器，其在允许气流通过的同时，又减弱了噪声的传播和辐射。凡是以空气动力性噪声为主的噪声控制问题，均可在气流通道或进、排气口安装消声器来降低噪声。消声器被广泛地用于内燃机、通风机、压缩机、燃气轮机以及各种高压、高速气流排放的噪声控制中，一个性能良好的消声器能够使噪声声压级降低 20~40dB(A)。图 3–25 为某变电站顶部加装的消声器。

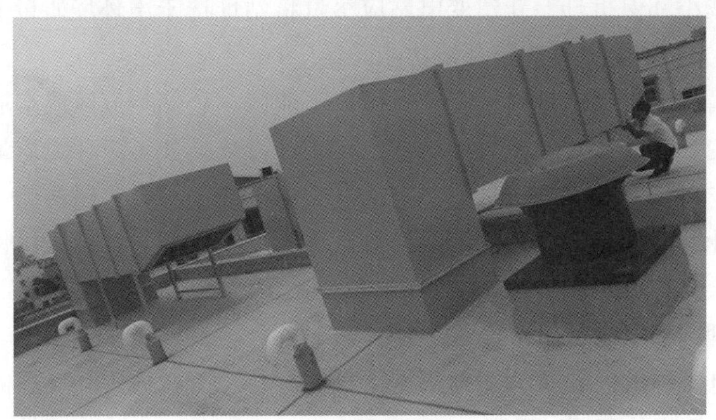

图 3–25　某变电站顶部消声器

6. 个人防护技术

在声源和传播途径上无法采取有效措施，或者采取措施后接收者感受到的噪声水平仍较严重时，就需要借助个人防护技术加强对接收者的保护、降低噪声对人耳的损害，如戴防噪声耳塞、头盔等。如图 3–26 所示为具备噪声防护功能的安全帽。

图 3–26　具备噪声防护功能的安全帽

3.4.2　规划设计阶段可听噪声控制措施

在输变电工程规划设计阶段，可采用的可听噪声控制措施有优化选址、合理选择变电站总布置形式、优化舱室布局及吸声材料位置等措施。

1. 优化选址

为减少输变电工程对周边噪声敏感建筑物的环境影响，降低引发环境纠纷的风险，减小环保拆迁，新建变电站应尽量将站址选于声环境质量要求较低的区域，如 4 类、3 类及 2 类声环境功能区。

城区输变电工程选址时，宜选择城市工业区、仓储物流区或交通干线两侧一定距离内，避开医疗、教育、居住、科研、行政办公等声环境质量要求较高的区域；乡村输变电工程选址时，宜选择交通干线、等级公路两侧一定距离内或乡村工业、仓储集中区、集镇边缘等区域，尽量避开学校、居民住宅等声环境质量要求较高的区域。

2. 合理选择变电站总布置形式

输变电工程的总布置方式须依据本身的特点、所在地声环境功能区类别及噪声敏感建筑物分布情况确定。

以变电站（换流站）选型为例，位于 1 类声环境功能区的变电站（换流站），宜优先采用户内布置方式。其中，场地条件允许时，宜采用独立建筑全户内式（变压器分体式布置）；位于 2 类声环境功能区的城区变电站（换流站），宜优先采用全户内或半户内布置方式；站址周围无噪声敏感建筑物时，宜采用半户内布置方式；站址周围存在噪声敏感建筑物时，宜根据实际情况采用户内或半户内布置方式。位于 3 类和 4 类声环境功能区的变电站（换流站），宜采用户外式布置方式。

3. 优化舱室布局及吸声材料位置

在变电站（换流站）站址及设计方案确定后，可依据如下原则对站内主要噪声设备及舱室的布局进行优化：

（1）充分考虑采用站内建筑物对主要噪声源进行阻挡和屏蔽。在符合正常使用功能及经济性的前提下，尽可能将控制楼等高大建筑物布置在主要噪声设备与站外噪声敏感建筑物之间，调整建筑方向，使建筑物长边垂直于噪声传播方向。

（2）如果变电站（换流站）不同方位执行的声环境功能区类型不同，可将主要噪声设备布局在声环境要求较低的方位。例如，紧靠交通干线的变电站，距离道路一定距离内的区域执行 4a 类声环境功能区限值要求，因此可酌情将主要噪声设备布局于该方位。

（3）对于户外变电站，应尽量将站内变压器、电抗器、空调等设备布置在站址中央区域或远离站外噪声敏感建筑物区域，并使噪声的主要辐射方向避开站外敏感区域，同时在设备外侧设置具有隔声效果的防火墙，且对防火墙的隔声效果进行综合设计分析。

（4）对于换流站，应尽量将控制楼、阀厅和换流变压器布置在站址中央区域，阀厅和换流变压器宜采用面对面方式布置。交流滤波器与换流变压器宜分开布置，同时降低交流滤波电容器高度，并使其远离厂界。

（5）对全户内变电站，尽量将主要噪声设备布置在靠近道路一侧，将风机进出风口、主设备室门窗布置在远离噪声敏感建筑物的区域，散热风机尽量选择布置在远离噪声敏感目标一侧或者布置在变电站建筑顶部。

基于上述原则与设计过程（参见 4.4.1 节）中全户内变电站选用的分体式变压器远场声辐射特性分析结果，该全户内变电站舱室布局及吸声材料位置调整如图 3–27 所示。

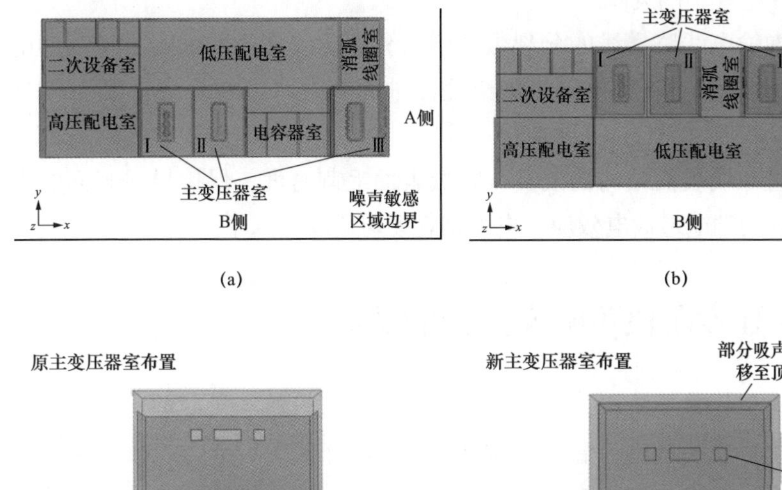

图 3–27　全户内变电站舱室布局调整前后对比

（a）舱室布局调整前；（b）舱室布局调整后；

（c）吸声材料位置调整前；（d）吸声材料位置调整后

（1）在保证全户内变电站占地面积不变的前提下，让主变压器室与低压配电室的位置进行了调整以使主变压器室尽可能远离噪声敏感区域。相应地，电容器室及消弧线圈室的位置也做对应调整。

（2）在保证通风效率的基础上，主变压器室上部通风窗的高度应适当缩减以降低主变压器室上部声压级较大区域内的声波通过通风窗直接散射至外部的概率。

（3）在不增加吸声材料面积的前提下，将安装于主变压器室侧壁底部的吸声结构调整至主变压器室顶部，以直接吸收该区域内声压级较大的噪声，尽量减少声波的反射。

经计算，在完成上述改进后，A 侧最大声压级值的减小量为 7.4 dB（A），统筹考虑 A 侧及 B 侧，最大声压级值平均减小量为 5.5 dB（A），且所有的最大声压级值均小于 45 dB（A）。

对于输电线路，规划设计阶段可采取的可听噪声控制措施如下：

（1）提升输电线路杆塔高度，增加架空线路与噪声受体间的距离，从而增大电晕噪声在空气中的衰减。

（2）增加输电线路导线的分裂数，增大分裂导线之间的间距，增加输电线路导线的等效直径，降低导线曲率半径，进而有效降低电晕强度和可听噪声声级。

（3）通过导线表面结构的改良，降低表面毛刺密度，保持导线表面的平滑度，从而降低尖端电晕放电效应、电晕损耗及可听噪声水平。

3.4.3 建设阶段可听噪声控制措施

在输变电工程建造阶段，施工期噪声源主要来自施工机械的运行噪声，如推土机、挖土机、装载机、混凝土搅拌机、运输车辆等，此类机械噪声和施工噪声会对附近居民的生产、生活产生一定影响，但施工结束施工噪声影响也会结束。因而在输变电工程施工时可采取下列措施降低可听噪声影响：

（1）优化施工方案，合理安排工期，尽量避免夜间施工。

（2）施工单位应尽量采用低噪声水平的机械设备。

（3）封闭施工方法。

（4）施工车辆出入现场时应低速、禁鸣。

3.4.4 运行维护阶段可听噪声控制措施

在输变电工程运行及维护阶段的低噪声改造过程中，可采取的可听噪声控制措施多为补救性措施，对于变电站（换流站），该阶段可采取的可听噪声控制措施如下：

（1）添加隔振器。在输变电设备维护过程中添加隔振器的施工成本较低，能有效隔绝振动噪声。如图 3–28 所示为设备维护期间添加至变压器底部的隔振器。

图 3–28 变压器用隔振器

（2）增设吸声壁面及声屏障。在变电站（换流站）低噪声改造过程中，可将吸声材料加工为吸声板，安装在变电站主变压器室、电抗器室的壁面上。如图 3–29 所示。

图 3–29 主变压器室加装双层微穿孔板吸声结构

吸声壁面的增加一方面可有效消除室内的“驻波”和“混响”效应，降低室内声源的噪声水平；另一方面，可有效吸收普通降噪手段难以消除的低频噪声，以阻止低频噪声向室外传播，达到良好的噪声控制效果。

而声屏障多采用砖墙、钢结构、复合结构多种类型，增设于声源和接收者之间，使声波传播有一个显著的附加衰减，从而减弱接收者所在的一定区域内的噪声影响。声屏障设置方式可单独设置在噪声源附近，如图 3–30 所示，也可结合变电站的围墙来设置，如图 3–31 所示。

图 3-30 电抗器附近声屏障

图 3-31 变电站围墙上方声屏障

对于 3.4.1 中完成近场声辐射特性分析的一体式变压器所在的半户内变电站，依据声辐射特性分析结果，在该站内变压器南侧添加同原有防爆墙高度一致的吸、隔声一体声屏障，并于变压器两侧及后部，结合已有建筑墙体，同样布置吸、隔声一体声屏障，加装前后全站及周边建筑的平面对比及噪声抑制效果对比如图 3-32 所示。

通过图 3-32(c) 与图 3-32(d) 的对比，可知在吸、隔声一体化声屏障添加后，A、B、C、D 四座噪声敏感建筑表面稳态声压级的最大值明显减小，且仅敏感建筑 A 表面的稳态声压级的最大值略大于 45dB。

（3）增设 Box-in 装置。Box-in 装置是将声源完全包覆，将噪声尽可能地封闭于有限空间内的隔声措施，是抑制变电站（换流站）噪声的有效方法，如变压器、电抗器、换流阀、电容器等均可以加装 Box-in 装置以降低噪声，但须准确评估加装后对设备散热带来的潜在风险。

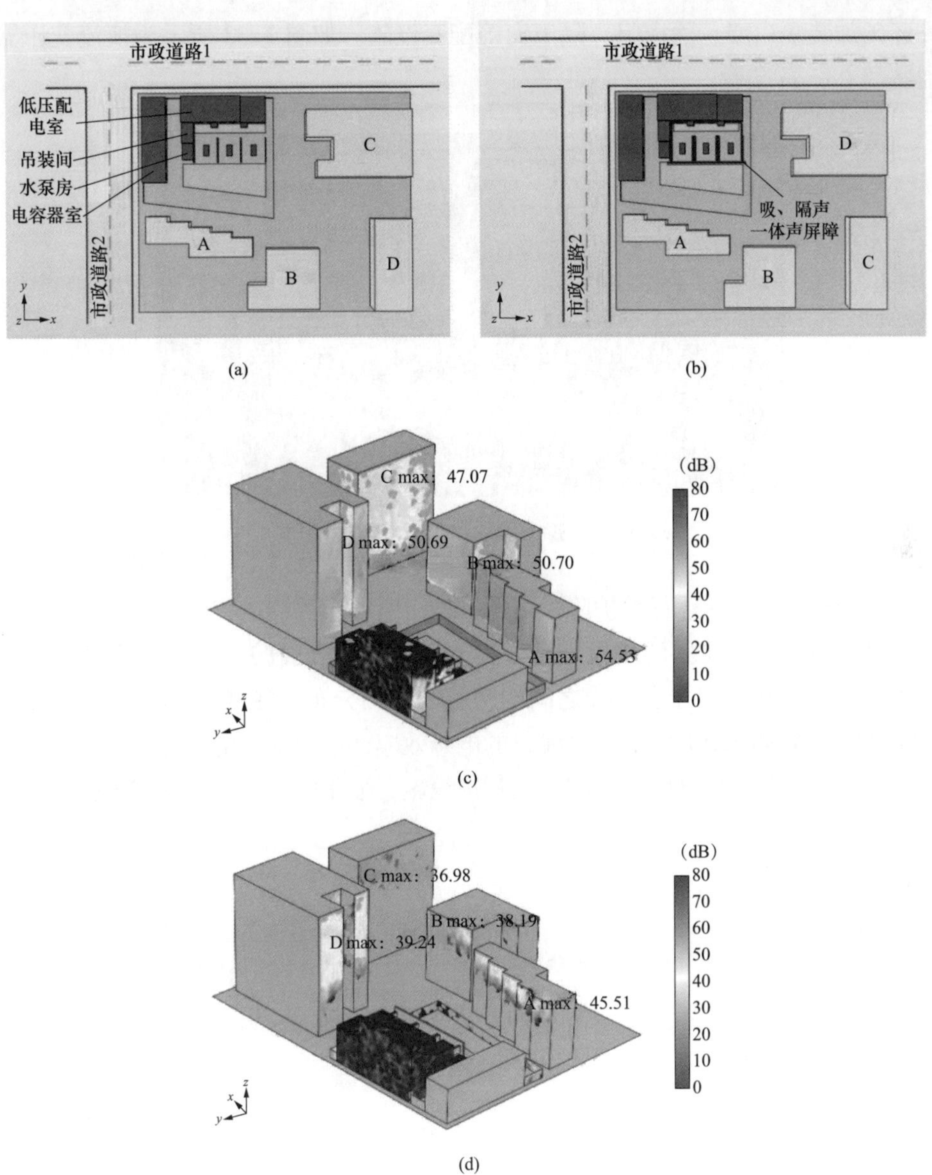

图 3–32　加装声屏障前后建筑平面对比及噪声抑制效果对比

(a) 吸、隔声一体化声屏障添加前；(b) 吸、隔声一体化声屏障添加后；(c) 吸、隔声一体化声屏障添加前声压级分布；(d) 吸、隔声一体化声屏障添加后声压级分布

一般的 Box–in 装置由罩板、阻尼涂料和吸声层构成，罩板采用 1~3mm 厚的钢板，也可以用面密度较大的木质纤维板。罩壳用金属板时要涂以一定厚度的阻尼层。为达到一定的隔声量，隔声罩必须内衬吸声材料且隔声罩要密封，此

外还须加装隔声墙、隔声门、隔声窗等配套设施。如图 3–33 所示为换流变压器加装的 Box–in 装置。

图 3–33 换流变压器加装 Box–in 装置

对于输电线路，运行维护阶段可采取的可听噪声控制措施如下：

（1）通过亲水涂料的涂覆处理，提升输电线路表面的亲水性，从而保证降雨条件下，雨水能够在子导线之间的沟壑内均匀分布，降低输电线路表面雨滴分布密度，缓和降雨天气下输电线路的电晕效应，进而降低电晕可听噪声水平。

（2）在重点保护受体周边配置吸隔声设施，强化电晕噪声的衰减及阻断。

4 输变电工程的生态影响及保护措施

生态影响是指经济社会活动对生态系统及其生物因子、非生物因子所产生的有害的或有益的影响，通常是指工程建设对物种和种群及其生境、生物群落、生态系统、生物多样性、生态敏感区等生态因子、区域所产生的不利影响。本章简要介绍生态系统、生物多样性、生态影响、生态敏感区等相关的基本概念，分析输变电工程建设及运行可能对生态系统、生态敏感区等造成的影响，提出建设运行过程中应采取的生态保护措施。

4.1 生态基本概念

1. 生态影响

生态影响可分为不利影响和有利影响，或直接影响、间接影响和累积影响，或可逆影响和不可逆影响。

直接生态影响是指由经济社会活动所导致的不可避免的、与该活动同时同地发生的生态影响；间接生态影响是指由经济社会活动及其直接生态影响所诱发的、与该活动不在同一地点或不在同一时间发生的生态影响；累积生态影响是指由经济社会活动各个组成部分之间或者该活动与其他相关活动（包括过去、现在和将来）之间造成生态影响的相互叠加。可逆影响是指停止或中断人工干预、干扰之后生态状况可以恢复的影响；不可逆影响是指即便停止或中断人工干预、干扰之后生态状况也不可以恢复至原有状态的影响。

2. 生态系统

生态系统是指在自然界的一定空间内，生物与环境构成的统一整体，在这个统一整体中，生物与环境之间相互影响、相互制约，并在一定时期内处于相对稳定的动态平衡状态。生态系统包括生物部分和非生物部分，生物部分包括生产者、消费者、分解者，生产者主要是各种绿色植物，消费者指以动物或植物为食的异养生物，分解者以各种细菌和真菌为主；非生物部分包括阳光、水、土壤、空气、有机质等，阳光是绝大多数生态系统直接的能量来源，水、空气、土壤与有机质都是生物不可或缺的物质基础。图 4-1 为生态系统中生物部分生产者、消费者、分解者和非生物物质之间的相互关系。

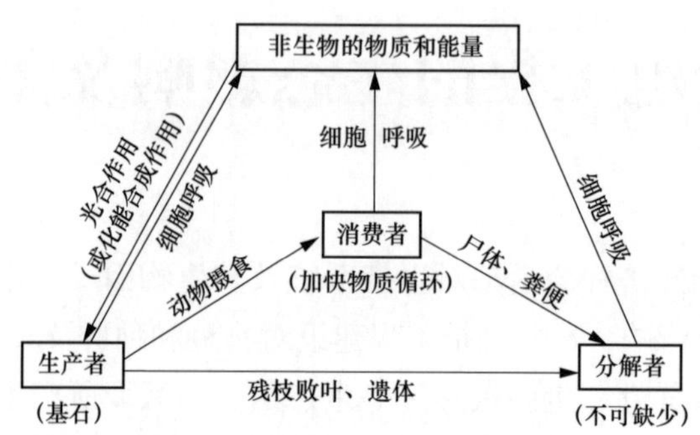

图 4-1　生态系统之间的相互关系

生态系统类型众多，一般可分为自然生态系统和人工生态系统，如表 4-1 所示。

表 4-1　　生态系统分类

自然生态系统	水域生态系统	湿地生态系统 海洋生态系统 淡水生态系统
	陆地生态系统	森林生态系统 草原生态系统 荒漠生态系统 冻原生态系统
人工生态系统	农田生态系统	
	城市生态系统	

3. 生态环境

生态环境指生物的个体、种群或群落生活地域的环境，包括必需的生存条件和其他对生物起作用的生态因素。生态环境由生物和非生物因子综合形成。生物多样性的基础是生态环境的多样性。在一定的地域范围内，生态环境及其构成要素的丰富与否，很大程度上影响甚至决定着生物的多样性。因此，保护生态系统、生物多样性最关键的方法是保护动植物的生态环境。

输变电工程的建设可能造成对动植物的清除、土地扰动等影响，而建成营运期又会产生电磁环境、噪声影响，工程运行检修人员活动也会对沿线的动植物造成一定干扰。这些人为活动可能会直接破坏生态环境或者间接导致生态环境遭到破坏，对物种、种群、生物群落造成一定的影响，进一步对生态系统、生物多样性造成一定的影响。

4. 生态敏感区

生态敏感区是指那些对人类活动具有特殊敏感性或者具有潜在自然灾害影响的生态环境，极易受到人为干扰而产生负面生态效应的地区。生态敏感区包括生物、生境、水资源、大气、土壤、地质、地貌以及环境污染等属于生态范畴的所有内容。生态敏感区分为特殊生态敏感区域、重要生态敏感区和其他敏感区域。

（1）特殊生态敏感区。特殊生态敏感区指具有极重要的生态服务功能，生态系统极为脆弱或已有较为严重的生态问题，如遭到占用、损失或破坏后所造成的生态影响后果严重且难以预防、生态功能难以恢复和替代的区域，包括自然保护区、世界自然和文化遗产地。图 4–2 为河南丹江湿地国家级自然保护区，属于特殊生态敏感区。

图 4–2　河南丹江湿地国家级自然保护区（特殊生态敏感区）

（2）重要生态敏感区。重要生态敏感区是指具有相对重要的生态服务功能或生态系统较为脆弱，如遭到占用、损失或破坏后所造成的生态影响后果较严重，但可以通过一定措施加以预防、恢复和替代的区域。图 4–3 为云台山世界地质公园，属于重要生态敏感区。

图 4-3　云台山世界地质公园（重要生态敏感区）

（3）其他敏感区域。除特殊生态敏感区和重要生态敏感区以外，我国还有依法设立的各级各类自然、文化保护地以及对建设项目的某类污染因子或者生态影响因子特别敏感的区域，如海洋特别保护区、饮用水水源保护区、基本农田保护区、基本草原、天然林、资源性缺水地区、水土流失重点防治区、沙化土地封禁保护区、封闭及半封闭海域、富营养化水域等各级各类保护区和特别敏感的区域。图 4-4 为某国家沙化土地封禁保护区。

图 4-4　某国家沙化土地封禁保护区

生态敏感区包括了一些需要特殊保护的区域、具有潜在自然灾害影响和对人类活动产生的环境影响特别敏感的区域，工程建设可能对生态敏感区产生一些不利的生态影响，如珍贵濒危动植物种群及其生境受到影响，重要景观遭到破坏，生态脆弱因子进一步恶化等不利影响，因此，输变电工程在建设过程中在距离工程一定范围内的生态敏感区，都应该将其作为重要环境保护目标采取避让、减缓、恢复等生态保护措施予以保护。

4.2 输变电工程的生态影响

输变电工程包括变电站工程和线路工程，为站—线—杆塔—线—站的点线式工程。线路工程中，110、220kV 线路路径长度一般为几千米到几十千米，500kV 线路工程线路路径则可能有上百千米，特高压线路工程线路路径则会超过 1000km，故输变电工程空间跨度比较大。相比较其他建设项目，变电站占地面积不大，最常见的 110、220kV 变电站一般占地为几亩到十几亩，输电线路占地主要是塔基占地，永久性占地面积非常小。因此，输变电工程施工期对地表的扰动和破坏相对于其他线性工程（如公路、铁路等线性工程）较小，在工程建设和运行过程中可能会对地表动植物、景观、生态敏感区等产生一定的影响，但影响也非常有限。

4.2.1 对植被的影响

输变电工程的建设对植被的影响主要集中在施工期，项目的运行期基本不会对植被产生影响。

工程施工时，工程“三通一平”会剥离表土、清除地表植被，工程的建设要砍伐少量林木，占用草地、农田等，会直接破坏植被的生存；变电站和线路的施工建设都会产生一定的永久占地和临时占地，工程的永久占地造成现状植被不可逆损失、土地功能改变，临时占地、临时堆土堆料会造成植被破坏、土地挤压等，损害植物生长环境，严重时还会造成水土流失。

工程对农业生产的影响主要是变电站及塔基占地。变电站地基开挖、塔基基础的开挖，占地处的农作物将被清除，使农作物产量减少，农作物的损失以成熟期最大；另外塔基挖掘、土石方的堆放、施工机具的碾压，也会伤害部分农作物，影响农作物的正常生长。此外，地基开挖将扰乱土壤耕作层，除开挖部分受到直接破坏以外，土石方混合回填后，也改变了土壤层次、紧实度和质地，影响土壤发育，降低土壤耕作性能，造成土壤肥力的降低，影响作物生长。

输变电工程建设对植被影响主要是点状扰动，占地分散，不会大面积砍伐成片林地或者大面积占用草地、农田，线路的永久占地除塔基桩脚外，其他区域临时占地经过一段时间自然保育或人工恢复，可恢复现状植被，不会造成植被覆盖率明显降低，也不会造成累积的生态影响。

4.2.2 对动物影响

输变电工程施工和运行会对动物行为及其生境产生一定的影响。输变电工程施工期可能会对动物造成的影响有：变电站或者线路塔基平整场地、开挖土方等施工及施工人员活动会直接惊扰动物活动，阻挠或者干扰其迁徙，也会对动物栖息地造成干扰和破坏；临时、永久占地会导致动物生态环境直接被破坏；施工机械产生的噪声、灯光和振动等对野生动物、鸟类行为产生一定的干扰，也会对动物的生态环境造成一定影响，会导致动物向远离施工区域的方向迁徙；施工人员和机械也有可能会直接伤害鸟类、陆地动物，导致个体死亡或者造成鸟卵破坏、动物幼崽无法存活等。输变电工程占地面积小，施工影响范围小、时间短，由于野生动物栖息环境和活动区域范围较大，食性广泛，且有一定迁移能力，工程施工加强管理、注重保护野生动物，不会对野生动物造成明显的影响，也不会造成累积的生态影响。

工程建成后变电站和线路占用的空间、运行期设备产生的噪声和运行人员的活动也会对动物的活动、鸟类飞行有一定的阻隔和干扰作用，但工程占地面积较小、地点分散，不会使动物栖息的生态环境破碎化，也不会限制种群的个体与基因的交流。变电站和线路运行时产生的噪声较小，不会惊扰动物行为；输电线路两塔之间距离较长，工程不会对兽类、两栖、爬行动物的迁移产生阻隔效应；同时，迁徙鸟类飞行高度一般均高于杆塔高度，输电线路及杆塔、变电站构架对鸟类的迁飞影响都非常小。

4.2.3 对土地资源影响

输变电工程建设主要占用耕地、草地、林地等几种土地类型，施工应尽量避开基本农田、草原、湿地等敏感区域，如无法避让，均须按照相关法律法规进行审批并恢复补偿。工程占地包括永久占地和临时占地，工程永久占地包括变电站站区、进站道路占地和输电线路塔基占地，工程临时占地包括变电站施工生产生活区、运输道路、塔基施工区、施工临时道路、牵张场地和材料堆放场等施工区域。

输变电工程对土地资源的影响主要是对局部土地类型的改变和对地表土壤结构造成扰动与破坏，永久占地将土地类型转变为建设用地，临时占地不改变土地的利用功能，在施工结束后可恢复土地原有功能。

与铁路、公路、输油输气管线等线性工程相比，输变电工程占地面积小，永久占地更少，对地表的扰动轻。输变电工程施工时间短，工程结束后，生态影响范围内绝大多数的土地功能在较短时间内即可得到恢复，工程建设不会大幅度减少耕地面积，不会给以农业生产为主要收入来源的农民带来经济压力，也不会改变当地总体的土地利用规划。

4.2.4 对景观生态影响

输变电项目对景观的影响有植被的直接破坏，也有铁塔和输电线路形成的不良景观，还有横亘于重要的景观保护目标前而形成的阻隔、干扰等不良影响。施工期的景观影响主要来源于建设过程中的工程行为，施工活动会破坏当地原有的植被，使其景观特征发生改变，对生态景观的自然性带来不利影响。

输变电建设项目建成后，输电线路穿越或者距离自然景观较近时，变电站和铁塔将形成新的景观斑块，增加生态景观斑块的数量，提高了沿线生态景观的多样性程度，也加大了整体生态景观的破碎化程度，对原始景观斑块造成“疮疤”的感觉，对整体生态景观形成不和谐的视觉效果，造成较为明显的不利影响；铁塔和输电线路会切割原来连续的生态景观，使景观的空间连续性在一定程度上被破坏，与周围的天然生态景观之间形成鲜明的反差。

输变电工程设计过程中选址选线已充分考虑了避让沿线重要的自然景观，工程建设带来的景观影响较小。

4.2.5 对生态敏感区影响

输变电工程可能涉及的生态敏感区有自然保护区、世界自然和文化遗产地、风景名胜区、森林公园、地质公园和重要湿地等。工程建设对生态敏感区的植被、野生动物和土地资源的影响特点，类似于对一般区域的影响。不同类型的生态敏感区可能涉及不同种类的珍稀动植物及其生态环境、比较脆弱的生态因子、珍贵的景观、地形地貌等，如果工程建设保护不当，则可能会对珍稀动植物及其生态环境产生一定影响，导致脆弱的生态因子进一步恶化，破坏珍贵的景观、地形地貌等。因此，需要对生态敏感区的特殊生态系统或保护对象予以特别保护。

为保证生态敏感区整体结构和功能稳定，需要保护生态系统的完整性。输变电工程塔基占地面积较小，施工场地局限在较小的范围内，工程占地总体呈点位间隔式特点，可能造成一定的生态环境破碎化，但不会阻隔生态组分之间的相互联系。对于整个生态敏感区来说，变电站或者线路塔基占地面积不大，其影响是局部的，对于生态系统的完整性也不会造成明显不利影响。

生态敏感区中存在的珍稀、濒危动植物及其生态环境或者珍贵景观、地形地貌等，工程建设需要引起重视，原则上选址选线阶段应进行避让。输变电工程建设对植被影响范围较小，对野生动物的影响程度轻微，通过加强文明施工管理和合理选择施工方式，不会对珍稀、濒危动植物造成直接伤害。通过合理选线选址，可以对于重要的特殊生态环境进行避让，对于珍稀、濒危物种的间接伤害也是可以避免的。因此，输变电工程不会影响生态敏感区生态系统各种群的合理分布，不会影响生态系统完整性，对于生物多样性也不会产生明显不利影响。

4.3 生态影响调查与评价

4.3.1 生态影响评价等级与范围

1. 生态环境影响评价等级

输变电工程的生态环境影响评价等级按照《环境影响评价技术导则　生态环境》（HJ 19—2011）执行，见表 4–2。

表 4–2　生态环境影响评价等级

影响区域生态敏感性	工程占地（含水域）范围		
	面积≥ 20km^2 或长度≥ 100km	面积 2 ~ 20km^2 或长度 50 ~ 100km	面积≤ 2km^2 或长度≤ 50km
特殊生态敏感区	一级	一级	一级
重要生态敏感区	一级	二级	三级
一般区域	二级	三级	三级

当工程占地（含水域）范围的面积或长度分别属于两个不同评价工作等级时，应按照其中较高的评价工作等级进行评价，改扩建工程占地范围以新增占地（含水域）面积或长度计算。

2. 生态环境影响评价范围

输变电工程的生态环境影响评价范围按照《环境影响评价技术导则 输变电工程》（HJ 24—2014）执行，见表 4-3。

表 4-3 生态环境影响评价范围

项目		生态环境影响评价范围
变电站（换流站）		站场围墙外 500m 内
输电线路	涉及生态敏感区的输电线路段	线路边导线地面投影外两侧各 300m 内的带状区域
	不涉及生态敏感区的输电线路段	线路边导线地面投影外两侧各 1000m 内的带状区域

4.3.2 生态现状调查与评价

生态现状调查与评价根据评价等级确定现场调查内容，评价等级低时适当简化内容，一级评价应调查如下内容：

（1）项目通过直接占用、破坏等方式对生态保护红线、国家公园、自然保护区、世界自然遗产和物种的重要生境产生不利影响时，应结合保护对象和功能定位，开展相应现状调查和评价，包括基本生态背景状况、重要物种及生态环境、群落及生态系统、自然遗迹或重要的自然景观以及主要生态问题等。

（2）基本生态背景状况。调查评价范围内的陆生生态系统类型、土地利用类型、植被类型、陆生野生动物的种类组成和主要分布区域。调查评价范围内的水生哺乳类、鱼类、浮游植物、着生藻、浮游动物、底栖动物、水生维管束植物、潮间带生物以及渔业资源等数量（或密度）及分布。可采用植被覆盖指数、物种丰富度及多样性指数等对生态背景状况进行定量评价。

（3）重要物种及生态环境。在充分收集已有资料的基础上，选择有代表性的季节和月份开展野外调查，兼顾主要保护动物的繁殖期、越冬期、迁徙（或洄游）期等关键活动期以及主要保护植物的生长、繁殖期。对于重点保护野生动植物，极危、濒危和易危物种、极小种群野生植物，特有种以及群落中的关键种，调查其种群规模及生态环境状况、保护级别或濒危等级、保护状况、受胁因素等。涉及具有迁徙（或洄游）习性物种的项目，调查其迁徙（或洄游）路线与工程的位置关系。生态环境状况的调查包括生态环境分布、面积和质量。涉及国家重点保护动植物、极危、濒危物种的项目，可采用生态环境适宜度指数模型或其他生态环境评价模型对物种生态环境现状进行评价。

（4）群落及生态系统。调查评价范围内群落组成、空间格局和群落演替的基本规律，调查群落中的关键种、建群种、优势种、指示种的分布和种群现状。调查生态系统的质量、结构、功能。可采用多样性指数、景观指数、生物量、生产力、生态系统服务功能相关评价指标对评价范围内的生物多样性水平、景观格局以及生态系统的质量、功能进行评价。涉及河流生态系统的，可采用生物完整性指数对评价范围内的水生生态系统状况进行评价。

（5）自然遗迹或重要的自然景观。涉及有自然遗迹或重要的自然景观分布的保护目标，调查其类型、保护要求以及与工程的位置关系。

（6）主要生态问题。调查已经存在的制约工程所在区域可持续发展的主要生态问题，如水土流失、沙漠化、石漠化、盐渍化、自然灾害、生物入侵和污染危害等；调查已经存在的对工程评价范围内的生态保护目标产生不利影响的干扰因素。

4.3.3 生态影响预测与评价

生态影响预测与评价的主要内容包括基本生态状况变化趋势分析、重要物种及生境影响分析、群落及生态系统影响分析、自然保护地影响分析和累积影响分析等。不同评价等级可根据现状调查情况开展相应评价。主要评价指标包括物种（种群）规模，群落的组成、空间格局和群落演替，生态系统的生产力、物种丰富度、生物多样性指数、生物完整性指数、生态系统服务功能，生态环境破碎化程度，生态环境适宜度等。

（1）基本生态状况变化趋势。陆生生态影响分析应给出项目施工及建成后评价范围内的土地利用类型、植被类型、陆生野生动物的种类组成和分布区域的总体变化趋势。水生生态影响分析应给出项目施工及建成后影响区域内水生生物种类组成、数量（或密度）、空间分布的总体变化趋势，预测生物资源损失量。

（2）重要物种及生态环境。对于重点保护野生动植物，极危、濒危和易危物种，极小种群野生植物，特有种和群落中的关键种，应分析其种群规模、分布及生境状况的变化趋势，分析施工活动和运行产生的噪声、灯光等对动物行为的干扰影响。涉及具有迁徙（或洄游）习性物种的项目，应分析项目建设对物种迁徙（或洄游）、扩散、种群交流等产生的阻隔影响，预测种群分布或迁徙路线的变化。分析项目建设对生态环境的占用情况和造成的破碎化程度，分析施工活动以及运行期污染物排放对生态环境质量的影响，预测项目建成后生态环境面积、质量和空间变化。涉及国家重点保护野生动植物和极危、濒危物种的项目，可采用生态环境适宜度指数模型或其他生态环境评价模型预测项目建成后生态环境适宜度的空间变化。

（3）群落及生态系统。分析群落组成、空间格局和群落演替的变化趋势，预测群落中的关键种、建群种、优势种变化，可利用指示种反映群落或生态环境的变化情况。分析生态系统类型、面积、质量、结构、功能以及景观格局的变化趋势，分析影响区域生产力、物种丰富度、生物多样性水平的变化趋势。涉及河流生态系统的，可采用生物完整性指数预测项目建成后水生生态系统状况。

（4）自然遗迹或重要的自然景观。分析项目施工和运行对自然遗迹或重要自然景观的影响程度。

（5）结合已存在的生态问题和干扰因素，分析项目建设的累积生态影响。

4.4 生态保护措施

输变电工程的建设可能对项目建设区域的生态系统产生一定的影响，对于可能出现的生态问题，应该积极采取避让、减缓、恢复与补偿等措施。按照生态恢复的原则，其优先次序应遵循“避让→减缓→恢复与补偿”的顺序，能避让的尽量避让，对不能避让的情况则采取措施减缓，施工结束后采取恢复与补偿措施。优先采取避让方案，包括通过选线、选址调整或局部方案优化避让关键区域，施工作业避让关键时期，取消或改变将产生显著不利影响的施工方式等。

输变电工程经过一般区域时，需要对植被、动物和土地生态采取保护措施；涉及生态敏感区时，除了采取一般区域的生态保护措施外，还应针对生态敏感区的重要景观、特殊保护对象及其生态环境增加相应的生态保护措施。

4.4.1 植被保护措施

1. 避让措施

（1）工程在前期选址选线时，应尽量避让国家重点保护植物、当地特有植物、古树名木、林木密集区等，对未能避让的林区应采用线路高跨的方式通过，图 4–5 为特高压输电线路高跨林区，减少了林木的砍伐。

图 4–5　特高压输电线路高跨林区

（2）工程永久占地和临时占地都应尽量少占用植被集中分布区，尽可能规划占用荒地、未利用地、草地、灌丛等植被稀疏、生态价值较低的土地类型；输电线路经过湿地、草原和耕地等区域，应该加大杆塔档距，减少塔基数量，减少占地面积，选择影响较小的区域，如塔基占用耕地要以边角田地为主，减少对农业生产的影响；线路经过山地、丘陵等区域，应尽量利用山头的自然地势和环境，对山头进行平整时，严格按照施工红线进行施工，尽量减少地表扰动，一般应选择在山势较为平缓的山脊顶部建设为宜。

（3）施工现场设置安全文明施工围栏，合理划定施工范围和人员、车辆的行走路线、活动范围，避免对施工范围之外区域的植被造成碾压和破坏；施工便道应尽量利用已有道路，合理规划牵张场地、材料堆放场地等临时场地，减少对植被的破坏。

（4）合理安排工期，尽量避开作物春耕和秋收时间，一般尽量安排在作物收割后或对作物影响较小的时间范围进行施工，以减少作物损失。

2. 减缓措施

（1）加强对施工人员的宣传教育，提高参建人员对项目附近植被和生态系统的保护意识，针对项目可能产生的生态问题，制定生态保护管理制度，提出相应的保护措施和要求，严禁滥砍滥伐，严格控制沿线林木的砍伐数量，严禁破坏征地范围之外不影响施工的林木与植被，全面加强对施工人员的监督管理。

（2）在林地、耕地较为集中分布的区段设置塔基时，应将表层土与下层土分开，暂时保存表层土用于今后的回填，以恢复土壤理化性质，利于植被的恢复，临时表土堆场应采取临时防护措施。

（3）施工材料应有序分类堆放，对施工场地、牵张场、基坑边坡和临时道路铺垫彩条布、竹排等，尽可能减少对周围植被的破坏，保护土地资源。图 4–6 为线路施工材料分类堆放，牵张场、塔基基坑边坡、施工道路铺垫彩条布减少对植被的破坏。

(a)　(b)　(c)　(d)

图 4–6　施工材料分类堆放、临时铺垫

（a）施工材料分类堆放；（b）牵张场铺垫彩条布；

（c）基坑铺垫彩条布；（d）施工道路铺垫棕垫

（4）在林区架线施工时，应尽可能采用直升机、飞艇、动力伞架线等环境友好型的施工架线工艺，避免砍伐通道；根据项目特点，选择科学的施工方式，合理规划施工道路、牵张场等临时用地，避免大面积的破坏植被。图 4–7 为线路架线采用动力伞和飞艇先进工艺。

图 4–7　动力伞和飞艇架线

（5）线路经过山区、丘陵等地应采用全方位高低腿铁塔，杆塔和基础型式选型应尽量采用掏挖式基础，避免使用大板基础，减少土石方开挖量，减少施工扰动强度；杆塔采用紧凑型设计、较小塔型，尽量少占土地，缩小线路走廊，减小影响范围，保护生态环境；基础开挖面积应严格控制在设计范围以内，并对开挖作业面和临时堆土进行苫盖。图 4–8 为山区、丘陵采用全方位高低腿铁塔。

图 4–8　山区、丘陵全方位高低腿铁塔

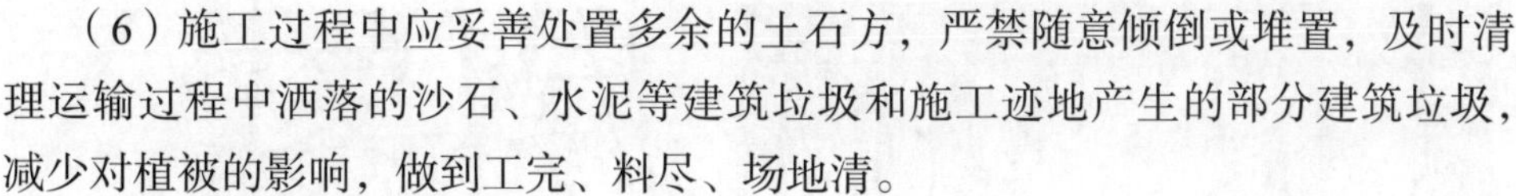

（6）施工过程中应妥善处置多余的土石方，严禁随意倾倒或堆置，及时清理运输过程中洒落的沙石、水泥等建筑垃圾和施工迹地产生的部分建筑垃圾，减少对植被的影响，做到工完、料尽、场地清。

3. 恢复与补偿措施

（1）节约使用土地，可以利用荒地的，不得占用耕地；可以利用劣地的，不得占用好地。优化路线路径，应当尽量不占或少占耕地，经批准占用耕地的，按照“占多少，垦多少”的原则，由占用耕地的单位负责开垦与所占用耕地的数量和质量相当的耕地；没有条件开垦或者开垦的耕地不符合要求的，应当按照省、自治区、直辖市的规定缴纳耕地开垦费，专款用于开垦新的耕地。占用耕地的单位将所占用耕地耕作层的土壤用于新开垦耕地、劣质地或者其他耕地的土壤改良。

（2）不占或少占林地，确需占用林地的，应当经县级以上人民政府林业主管部门审核同意，依法办理建设用地审批手续。占用林地的单位应当依据相关规定向相关行政主管部门交纳森林恢复费用，专门用于森林恢复，植树造林面积不得少于因占用林地而减少的森林植被面积。

（3）不占或少占草原，确需征收、征用或者使用草原的，必须经省级以上人民政府草原行政主管部门审核同意后，依照有关土地管理的法律、行政法规办理建设用地审批手续。建设征用或者使用草原的单位应当交纳草原植被恢复费，专门用于草原植被恢复。

（4）不占或少占湿地，经过批准确需征收、占用湿地并转为其他用途的，用地单位应当按照“先补后占、占补平衡”的原则，依法办理相关手续；临时占用湿地的，期限不得超过 2 年，临时占地期限届满，占用单位应当对所占湿地限期进行生态修复。

（5）每个作业点施工结束后，应及时进行土地整治，以便恢复植被。对于损坏的林地、灌丛、草地，宜采用当地乡土物种植物进行恢复，植物生态习性必须与当地气候环境条件相适应，尽量保护施工占地区域原有体系的生态系统。植被修复措施不仅考虑植被覆盖率，而且需要在利用当地原有物种的情况下，尽量使物种多样化，并防止外来物种入侵。图 4–9 为施工迹地土地整治与植被恢复。

（6）对于无法避让的受保护植物，可以就近选择立地条件相似的地方，采取移植措施，并加强项目后期的生态抚育与管理，保证移植的成活率。

图 4-9 施工迹地土地整治与植被恢复

4.4.2 动物保护措施

1. 避让措施

（1）工程选址选线应尽量避开野生动物的集中活动区、迁徙通道，站址和塔基定位避开野生动物巢穴和主要觅食区，避开水生生物的洄游通道、产卵场、索饵场、越冬场、栖息地等各类重要生态区域。

（2）施工点应避开野生动物活动通道，实在无法避让的应提高施工场地管理等级，必要时设置生物廊道，减缓对野生动物的影响。

（3）为最大限度地减少工程对动物的影响，根据项目区域内的野生动物种类及其生活习性，合理规划协调施工季节与时间，施工活动应避开野生动物的繁殖期、迁徙洄游期及觅食时间，严格限制妨碍野生动物生息繁衍的活动。

（4）合理规划施工范围，对施工区域进行围挡，合理划定车辆和人员的活动范围，限制施工人员、车辆和机械进入动物重要生态环境，减少对动物及其生态环境的干扰。

2. 减缓措施

（1）加强施工人员对野生动物和生态环境的保护意识，针对项目区域内存在的野生动物，制定施工现场管理制度，提出相应的保护措施和要求，禁止猎杀兽类、鸟类等各类动物，施工过程中遇到动物的卵应妥善移置到附近类似的环境中，加强对施工人员的监督管理。

（2）土建施工和设备安装过程中，减少施工占地面积，尽量保留原有生态群落和生境类型，减轻对动物栖息地的影响。

（3）施工应采用低噪声施工机械，降低施工噪声，减免惊扰野生动物；重视夜间运输车辆灯光对野生动物的影响，在野生动物易出没路线，要合理设置交通运输线路，减轻对野生动物的干扰，并严格禁止在该区域的夜间施工。

（4）鸟类较多地区，可在塔杆顶部上涂上鸟类飞行中较易分辨的红色与白色相间的警示标识（见图 4-10），使鸟类在飞行中能及时分辨出安全路线，及时规避，以减小鸟类碰撞输电线路和杆塔的概率；大型陆地动物较多的地区，可在塔基刷黑黄相间的反光漆或者其他醒目颜色（见图 4-11），使动物快速奔跑时能够及时发现杆塔，避免动物碰撞伤亡。

图 4-10 醒目杆塔颜色

图 4-11 塔基反光漆

3. 恢复与补偿措施

（1）根据野生动物及其栖息地保护的需要，可以建设生态廊道、动物通道、人工洞穴、人工鱼礁等设施，确保野生动物活动路线畅通。如发现受伤的野生动物，应及时联系野生动物保护部门进行救治。对于受到破坏的重要动物生态环境，如果不能原地恢复，应异地进行重建。

（2）对塔基临时施工区以及牵张场、人抬道路、施工临时道路等应及时清理建筑垃圾和生活垃圾，及时做好植被恢复工作，恢复原有的土地功能和地貌类型，以便动物重新适应生态环境，减少由于生态环境破坏对动物造成的不利影响。

（3）对于输电线路建设运行影响鸟类生活的，可以采取驱引结合的方式，通过安装人工鸟巢、人工栖鸟架、驱鸟器、防鸟刺、防鸟挡板等鸟类保护、驱赶装置，对鸟类进行合理引导，保护鸟类的安全。驱鸟器、防鸟刺、防鸟挡板可安装在绝缘子附近影响鸟类安全或者鸟类栖息影响线路安全运行的位置，人工鸟巢、人工栖鸟架可安装在远离绝缘子不影响鸟类安全或者鸟类栖息不影响线路安全运行的位置，可以通过在同一杆塔上安装鸟类驱引装置，引导鸟类至安全位置，避免对鸟类的伤害，同时也可以防止鸟类对输电线路的危害。图 4-12 为常见的鸟类驱引装置。

(a)

(b)

(c)

图 4-12 常见的鸟类驱引装置

（a）人工鸟巢；（b）栖鸟架；(c) 同一杆塔上安装的人工鸟巢和防鸟刺

4.4.3 生态敏感区保护措施

对于生态敏感区和重要保护对象的保护措施，首选的是整体避让，即变电站和塔基均避开生态敏感区。确实无法避开的生态敏感区，应优化施工方案，减小占地面积，缩小影响范围，采用先进工艺，合理安排工期，减少生态影响，针对生态敏感区的特点和特殊保护对象，采取相应的减缓、恢复和补偿等措施。

1. 避让措施

（1）工程占地禁止进入自然保护区的核心区和缓冲区，对于部分自然保护区只规划了范围和面积，未进行核心区、缓冲区和实验区划分的，应当按照自然保护区核心区和缓冲区的相关规定执行，工程应该进行整体避让。

（2）工程占地禁止进入世界自然和文化遗产地核心区和缓冲区、风景名胜区的核心景区、海洋特别保护区的重点保护区、地质公园的地质遗迹保护区，禁止进入森林公园的珍贵景物、重要景点和核心景区等。

（3）工程应该尽量避让原始天然林、珍稀濒危野生动植物天然集中分布区、重要水生生物的自然产卵场及索饵场、越冬场和洄游通道、天然渔场、海洋特别保护区、基本农田保护区、基本草原、天然林、资源性缺水地区、水土流失重点防治区、沙化土地封禁保护区、封闭及半封闭海域、富营养化水域等各级各类保护区和特别敏感的区域。

（4）对于工程无法避让，确需进入自然保护区、世界自然和文化遗产地等生态敏感区时，应符合相关法律法规的要求，并依法取得相关管理部门的许可。建设单位应按照相关法律法规规定和许可意见，对线路路径进行优化，从自然保护区的实验区等生态敏感区允许跨越的区域进行穿越，并选择穿越距离较短的区域，缩短进入生态敏感区的路径长度，减少进入生态敏感区的塔基数量。

2. 减缓措施

（1）在工程施工前，业主单位应组织项目全体施工、管理人员学习项目涉及的生态敏感区有关的法律、法规、条例等规章制度，制订相关工作计划，确定工作人员职责，提高文明施工和环境保护施工意识；熟悉环境影响评价报告和水土保护方案及其批复意见的要求，明确生态保护重点保护目标及控制措施；在施工现场，制作生态敏感区宣传栏，介绍生态敏感区内的珍稀动植物种类、分布情况、保护级别或者特别敏感因子等相关情况及其注意事项、保护措施。

（2）工程进入世界自然和文化遗产地外围保护地带时，应保留文化遗产、自然遗产原貌，确保输变电工程与世界自然和文化遗产之间有足够的距离，以保证景观的完整性。

（3）工程进入水土流失重点防治区、沙化土地封禁保护区等区域，不得砍伐、樵采防风固沙林网、林带和滥用水资源等一切破坏植被的活动，应当提高水土流失防治标准，优化施工工艺，减少地表扰动和植被损坏范围，有效控制可能造成的水土流失。

（4）工程进入风景名胜区时，选址选线应尽量远离主要景区，利用地形进行遮蔽，以降低视觉冲击；应当制订污染防治和水土保持方案，并采取有效措施，保护好风景名胜区内景物、水体、林草植被、野生动物资源和地形地貌。禁止在风景名胜区内采石、采砂、采土或者刻划、涂污等破坏景观、植被和地形地貌的活动。

（5）工程进入森林公园，应当符合森林公园总体规划的要求，其选址、规模、风格和色彩等应当与周边景观与环境相协调，相应的废水、废物处理和防火设施应当同时设计、同时施工、同时使用；应当采取措施保护景观和环境；施工结束后，应当及时整理场地，美化绿化环境。禁止在森林公园擅自采折、采挖花草、树木、药材等植物，禁止毁林采石、采砂、采土以及其他毁林行为。

（6）工程进入海洋特别保护区适度利用区等区域，应严格保护典型海洋生态系统分布区、自然景观、历史遗迹、珍稀濒危海洋生物物种及重要海洋生物的洄游通道、产卵场、索饵场、越冬场、栖息地等各类重要海洋生态区域。严禁在海洋特别保护区内砍伐红树林、采挖珊瑚和破坏珊瑚礁，严禁炸鱼、毒鱼、电鱼，严禁直接向海域排放污染物，擅自采集、加工、销售野生动植物及矿物质制品。

（7）输电线路跨越或者经过水产养殖资源保护区、重要湿地等生态敏感区时，尽可能一档跨越并加强施工管理，避免在水中建设杆塔，减少对水生生态环境的影响；严禁填埋或者排干湿地，禁止破坏野生动物栖息地和迁徙通道、鱼类洄游通道，严禁在湿地擅自挖沙、取土、取水、排污。

（8）在自然保护区、风景名胜区、森林公园等生态敏感区内输电线路杆塔可改换颜色或者塔型，如设计成自然保护区的保护动物、大型活动纪念物等形状的杆塔，增加与景区背景、当地特色人文环境的相容性，铁塔上还可以设计有发电、蓄能装置，安装彩色灯饰，使输电线路杆塔和景区融为一体。图 4-13 为国外设计的一些有特色的铁塔。

（9）工程进入生态敏感区应充分利用原有道路进行材料运输，或采用索道运送材料，采取铺设棕垫、竹排等减缓措施，尽量不新建或扩建施工便道；生态敏感区内不得设置取、弃土场，牵张场应尽可能选择生态价值较低的土地类型。

图 4-13 国外特色铁塔

（10）加强运行期生态管理，避免过多人员和车辆进入生态敏感区，避免运行维护人员对生态敏感区内生态系统的破坏，禁止乱砍、滥采、盗猎行为。施工过程中对发现的重点保护植物应采取围栏和挂牌进行保护，同时如若另有发现重点保护植物应上报当地的主管部门。在国家重点保护野生植物物种和地方重点保护野生植物物种的天然集中分布区域设立保护标志。

（11）在生态敏感区内应限制使用爆破工艺并提前加强支护，防止崩塌惊扰野生动物；为防止野生动物攀爬杆塔受到伤害，可在杆塔上设防护网，阻止野生动物攀爬；线路杆塔上安装人工鸟巢、栖鸟架等鸟类保护装置，给鸟类提供适当的居住场地，与鸟类和谐共存。施工期如发现珍稀保护动物应采取妥善措施进行保护，特别是在自然保护区、森林公园、湿地公园附近区域，不得损伤和杀害珍稀保护动物。对受伤的珍稀动物应及时联系野生动物保护部门，及时救治。

3. 恢复与补偿措施

（1）应严格执行不占、少占各级各类敏感区内的土地，如基本农田、森林公园经营范围内的林地等敏感区内的土地，确实无法避开、需要占用的，应办理相关手续，缴纳相关费用。占用单位应当按照占多少、补多少的原则，负责恢复和补偿。

（2）工程施工结束后，应及时对施工扰动的临时占地进行整治，恢复其原有土地功能；对于破坏的植被，应及时进行补植或恢复治理。

（3）对于无法避让的保护树种，进行移栽，将不利影响降至最低；对生境破坏后难以自然生长的动植物，可以建立救助站、人工培育基地、饲养基地进行恢复与补偿。

5 非电磁环境影响及保护措施

输变电工程产生的其他环境影响主要有大气环境、水环境、水土流失、固体废物等方面的影响。本章简要介绍工程建设对大气、水体、水土流失、固体废物等环境因子的影响及可采取的防治和保护措施。

5.1 大气环境影响及防治措施

5.1.1 大气环境影响分析

输变电工程对大气的影响主要是施工大气扬尘，还有极少量的 SF_6 排放。施工期基础开挖、临时堆土堆料、车辆运输等环节会产生大气扬尘，SF_6 排放主要是指含 SF_6 的电气设备在建设期、运行期会有少量的 SF_6 泄漏。

1. 施工扬尘

大气扬尘主要在施工期，施工期扬尘主要来自场地平整作业、水泥搬运、混凝土搅拌、基坑开挖、结构施工细骨料（如石灰、砂石和回填土）等建设原材料的运输堆放和使用。施工期扬尘源多且分散，源高一般在 15m 以下，属于无组织排放。同时，受施工方式、设备、气候等因素制约，产生的随机性和波动性较大。大气扬尘是雾霾的主要来源之一，对人体健康的影响很大。因此，施工期扬尘防治是大气环境保护的最主要工作。

2. SF_6

SF_6 气体具有优异的绝缘性能和灭弧能力，无色无味、无毒无害、不易燃等，在电气设备的应用相当普遍。尤其是城市电网建设，为了节约土地资源，减少电磁环境影响，大量使用 GIS、HGIS。SF_6 电气设备在使用时存在的环境风险有：

（1）产生温室效应。SF_6 是一种温室气体，其单个分子增温潜力约为 CO_2 的 23900 倍。电力行业对 SF_6 电气设备运行有明确规定，要求气体年泄漏率不得超过 1%，控制在 0.5%。随着新技术的推广和新设备、新材料的应用，SF_6 电气设备密封性提高，SF_6 使用量将会减少，通过各种技术手段，SF_6 使用的安全性得到了更好的保证。

（2）人员窒息风险。SF_6 密度是空气的 5.1 倍，一旦发生泄漏，泄漏气体将在电缆层（隧道）等低洼处沉积，将空气中的氧气排出，人员在缺氧环境中可能有窒息危险，所以日常操作过程中要做好通风防护工作。

5.1.2 大气环境污染防治措施

1. 施工扬尘

在输变电建筑工程施工全过程中，要突出抓好裸露土方覆盖、进出车辆冲洗、材料堆放、密目网覆盖等环节管控，着重落实施工各阶段扬尘治理保障措施，切实按照各地扬尘防治相关要求开展工作，做到防治结合、标本兼治，确保输变电建筑施工扬尘治理工作取得实效。

（1）配备管理人员。施工项目部应设置扬尘负责管理人员，负责逸散性材料、垃圾、渣土、覆盖、洒水作业以及车辆清洗作业等，并现场记录扬尘控制措施的实施情况。

（2）设置围挡与标志牌。城市变电站施工现场边界应设置 1.8m 高度以上围挡，围挡低端应设置防溢座，围挡之间以及围挡和防溢座之间无缝隙，对于特殊地点无法设置围挡、防溢座的，应设置警示牌，围挡应符合安全、牢固、美观、亮化的要求；施工期间，应在工地建筑结构脚手架外侧设置有效抑尘的密目防尘网或防尘布。图 5-1 为变电站施工现场采用彩钢围挡。

图 5-1 彩钢围挡

施工现场大门口应美观、规范，施工单位应根据《建设工程施工现场管理规定》设置现场平面布置图、工程概况牌、安全生产牌、消防保卫牌、文明施工牌、环境保护牌、管理人员名单及监督电话等。

（3）现场洒水降尘。施工现场要配置保洁人员，配备洒水降尘设施和材料，如环保除尘雾炮机、围墙喷淋降尘系统、洒水车等，如图 5–2 所示。基础开挖、回填等可能产生扬尘的施工作业，必须安排专人洒水降尘或使用喷淋设施，保持作业面湿润；对施工现场的道路每日进行 1~2 次的清扫除尘，清扫前需进行洒水湿润，天气干燥或风力较大时，增加洒水频率，以保持路面的湿润。

图 5–2　洒水降尘设施

（4）施工现场与道路硬化。施工现场内道路、办公区、生活区等区域应采用混凝土或沥青进行硬化，其他区域平整后进行绿化或者使用碎石覆盖、铺设钢板，并采取洒水抑尘等措施，图 5–3 为某施工场地进行硬化与临时绿化。

图 5–3　某施工场地硬化与临时绿化

（5）施工物料与施工场地措施。施工现场内的石灰、水泥、砂石、涂料、辅装材料等应采取密闭存储，或者设置围挡、围墙、使用防尘网覆盖等防尘措施，确保封闭严密；具有粉尘逸散性的物料纵向运输应打包装框搬运；施工现场各种材料分类堆放，设置标牌，整齐有序；其他裸露的地面等施工场地或临时堆土如长期存放应当采取临时绿化、铺装或者防尘网苫盖，并采取洒水抑尘等措施。图 5–4 为施工车间分类封闭施工，图 5–5 为站区采取防尘网覆盖。

图 5–4　分类封闭施工

图 5–5　站区防尘网覆盖

（6）车辆密闭运输与冲洗。施工现场应设置洗车平台，完善排水设施，防止泥土粘带。施工期间，应在物料、渣土、垃圾运输车辆的出口内侧设置洗车平台，配备车辆冲洗设备、高压水枪等。运输建筑材料、垃圾和泥土等车辆驶离工地前，应在洗车平台清洗轮胎及车身，不得带泥上路，严禁将施工现场内的泥土带出。洗车平台四周应设置防溢座、废水导流渠、废水收集池、沉砂池及其他防治设施，收集洗车、施工过程中产生的废水和泥浆。

进出工地的建筑垃圾、物料等散装、流体物料运输的车辆，应使用密闭运输装置进行运输，保证物料不遗撒外漏。若无密闭车斗，物料、垃圾、渣土的装载高度不得超过车辆槽帮上沿，车斗应用苫布遮盖严实。苫布边缘至少要遮住槽帮上沿以下 15cm，保证物料、渣土、垃圾等不露出。车辆应按照批准的路线和时间进行物料、渣土、垃圾的运输。车辆在行驶过程中必须保持全密闭状态，沿途不得抛洒滴漏，图 5–6 为施工车辆苫布遮盖运输与冲洗。

（7）混凝土防尘。施工期间混凝土应使用预制商品混凝土或者进行密闭搅拌并配备除尘装置，不得现场露天搅拌混凝土、消化石灰及拌石灰土等。应尽量采用石材、木制等成品或半成品，实施装配式施工，减少因石材、木制品切割所造成的扬尘污染。图 5–7 混凝土密闭搅拌。

图 5-6　车辆苫布遮盖运输与冲洗

图 5-7　混凝土密闭搅拌

（8）安装扬尘在线监控系统。大气环境质量要求严格的城市，建筑面积达到一定规模的城市变电站，必须在工地出入口或下风向安装扬尘监控设备。通过扬尘在线监控系统，工地扬尘一旦超过相应限值标准，监控设备就自动报警，可以实现扬尘防治的有效监督。

（9）建筑垃圾和生活垃圾防尘。禁止在施工现场焚烧建筑垃圾、废弃木料、塑料品、包装材料等可燃材料，避免产生大气扬尘和其他大气污染物；生活垃圾与建筑垃圾应分开堆放，采用密封容器、装袋清运，及时清运出场；建筑垃圾如果堆放时间较长，应采取定期洒水、覆盖防尘网、喷洒抑尘剂等扬尘防止措施。

2. SF_6

（1）有效监测。目前对 SF_6 泄漏已具有完备而灵敏的监控手段，在设备制造中和现场安装后，必须进行 SF_6 气体检漏，利用灵敏度极高的定性或定量探测仪检测有无泄漏和泄漏量。变电站运行时，在 SF_6 设备装置区域安装有 SF_6 气体压力表计、氧量仪、SF_6 气体泄漏报警仪等装置进行在线监控。

（2）回收处理。根据电力行业相关规定，SF_6 设备安装或检修时，有严格的操作程序，使用过的 SF_6 气体要进行回收，不得向大气中直接排放。SF_6 气体用专门的设备回收，以液态形式储存在储气罐或钢瓶中，经过净化处理，可再充入设备中使用。SF_6 回收处理工作主要有分散回收、集中处理或者就地回收、就地处理两种模式。

（3）职业防护。变电站应制订完善的 SF_6 处置应急措施，并配备防毒面具、防护手套、防护服等劳动保护用品，保证在出现泄漏时能及时采取有效措施。当在线监控设备监测到空气中 SF_6 泄漏含量超标，造成环境缺氧，自动启动通风装置，可使泄漏的 SF_6 气体迅速排放，不易聚集，不会对运行人员产生危险。

5.2 水环境影响及防治措施

水环境是构成自然环境的基本要素之一，是人类社会赖以生存和发展的重要资源，主要由地表水和地下水组成。地表水是流过或静置在陆地表面的水，如海洋、河流、湖泊、水库、池塘等；地下水是储存于地面以下的水，包括泉水、浅层地下水、深层地下水等。

5.2.1 水环境影响分析

变电站（换流站）的水源包括城市供水、地表水和地下水等，要求给水水源水量充足、水质良好。变电站（换流站）用水分为生产用水、冲洗用水、消防用水等，用水量随变电站（换流站）所在地区、性质、设备情况、规模、人员配备的不同而有所差异。

变电站（换流站）施工期废水主要来自施工泥浆废水和施工人员生活污水。变电站（换流站）施工用水，仅是施工期间临时用水，用水量较小；若装有调相机，则冷却用水量较大，用水量由调相机的容量和冷却塔的型式来确定。运行期换流站换流阀冷却系统排放的冷却水量较大，但变电站的污水排放量不大，主要是运行人员的生活用水，110、220kV 电压等级的变电站占了变电站总数量的 95% 以上，且大部分为无人值守变电站，仅有少量值班人员或者检修期间用水，其用水量非常小。

1. 建设期水环境影响

建设期间，在场地平整、土石方开挖、土建施工等各阶段，施工机械清洗、场地冲洗、建材清洗、混凝土养护都会产生废水。输电线路部分基础施工时会产生少量泥浆水。施工机械清洗、场地冲洗、建材清洗一般是对表面的泥沙等附着物进行水洗，单次用水量较少。混凝土养护是对新浇筑的混凝土进行表面洒水养护，该过程中大部分洒水附着于混凝土表面被蒸发，少量形成废水；线路基础施工在开挖、钻孔等过程中，由于环境水体或钻头冷却用水会形成泥浆。建设期间施工废水的主要污染因子是悬浮物，影响因子单一、水量较小，对外界的影响较小。

建设期间施工人员还会产生少量生活污水。输电线路建设过程中由于施工点分散，一般租住当地民房，不设现场施工营地。变电站施工活动相对集中，大型变电站施工人员较多，一般设置施工营地。会产生少量的集中生活污水。生活污水的主要影响因子包括酸碱度（PH）、悬浮物（SS）、生化需氧量（BOD_5）、化学需氧量（COD）、氨氮（NH_3–N）、总磷 (TP) 等。

输电线路工程在建设过程中可能跨越河流、湖泊、水库等水体，一般情况下会采取一档跨越、不在河道内立塔的方式，尽量避免对水体产生影响。

2. 运行期水环境影响

（1）生活污水。变电站根据站内有无常驻人员分为有人值守和无人值守。无人值守变电站无运行人员值守，变电站设值班室，供安保人员使用，主控楼内设卫生间。站内按常驻 1 人考虑，最高日污水产生量约 0.1 m^3。

有人值守变电站一般为大型变电站或者集控站，主控楼内设卫生间和厨房供运维人员日常使用。一般变电站内工作人员生活用水量 40L/(人·班)，其沐浴用水量 60L/(人·班)，站内按白天常驻 12 人、夜间常驻 5 人考虑，最高日污水产生量约 1.7m^3。

（2）废水。变电站运行过程中不会产生工业废水，换流站运行过程中产生的废水为冷却水。

换流站内换流阀冷却系统主要包括换流阀内冷却水处理系统、换流阀外冷却水处理系统两个部分。换流站的换流阀内冷却水处理系统采用闭式循环系统，无外排水；换流阀外冷却水处理系统采用“空冷”或“水冷”的方式，空冷方式无外冷却水产生，水冷方式最大日排放量约 1000m^3，站内冷却用水经集水池收集冷却后排出。

换流站阀外冷却系统排水为间接冷却水，主要包括反渗透浓水和喷淋装置排水，冷却水排水的主要特征为含盐量较高，另外含有少量的阻垢剂和杀菌剂，冷却水的排放温度不超过湿球温度。换流站工程冷却水能够满足《污水综合排放标准》(GB 8978—1996)一级标准限值要求。冷却水排放要确保受纳水体混合区段温升满足《地表水环境质量标准》(GB 3838—2002)的规定，人为造成的环境水温变化应满足周平均最大温升不大于1℃、周平均最大温降不大于2℃的要求。

5.2.2 水环境污染防治措施

1. 建设期水环境防治措施

(1)避让。《中华人民共和国水污染防治法》规定一级水源保护区禁止新建、改建、扩建任何与供水设施和保护水源无关的建设项目，二级保护区不得新建、改建、扩建排放污染物的建设项目。所以输变电工程应该合理选址选线，尽量避开水源保护区和其他大型水体。

工程占地禁止进入饮用水水源一级保护区，线路工程经过南水北调干渠、河流一级水源保护区等应采取一档跨越的方式，不得在一级水源保护区范围内立塔。二级水源保护区也应该尽量避让确实无法避开的线路工程，施工过程中产生的废污水应该采取外运或者截污纳管，但是变电站(换流站)等工程设计有外排污水的项目不能进入饮用水水源二级保护区。工程经过河流、水库等大型水体，一般应该采取一档跨越，不在水体中建设杆塔，现在特高压输电线路跨越大型河流的跨越长度都在1km以上。图5-8为1000kV晋东南—南阳—荆门特高压线路黄河大跨越。

图5-8 1000kV晋东南—南阳—荆门特高压线路黄河大跨越

（2）施工期生产生活废污水。施工期间用水应遵循节约用水的原则，合理设计施工工艺，尽量重复利用、循环利用，减少废水产生量。

施工期设置施工废水和生活污水处理设施，严禁施工废水和生活污水未经处理随意排放。变电站（换流站）施工场地相对集中，占地面积较大，一般设置废水沉淀池，把施工废水汇集入沉淀池充分沉淀后回用；变电站（换流站）施工人员聚集，施工生活区设化粪池或者移动式厕所，生活污水经过化粪池或者移动式厕所处理后，定期清运或用于农田施肥。输电线路施工具有占地面积小、跨距大、点分散等特点，每个施工点人员很少，一般就近安排在附近村庄，生活污水纳入当地生活污水处理系统。

施工产生的建筑垃圾、生活垃圾、临时堆土堆料，应尽快清理，做好施工迹地的生态恢复，同时施工期间应该合理安排工期，避免雨季施工导致土石方经过雨水冲刷进入水体，对水体造成污染。

2. 运行期水环境污染防治措施

变电站（换流站）内应设置雨污分流系统，站内雨水和污水应分开排放。雨水通过雨水管网收集后排出站外，在西北干旱缺水地区，可以通过建设雨水收集管道、雨水池等雨水收集存储系统，雨水经过沉淀、消毒后可以用于站内外绿化或者生活用水，图 5-9 为变电站的雨水排放系统。污水则通过污水管道收集后，送到化粪池或地埋式一体化污水处理设备进行处理。变电站所在区域内有城市污水处理管网的，经过化粪池或地埋式一体化污水处理设备处理后排入市政污水处理管网。远离城区的变电站（换流站），经过化粪池或地埋式一体化污水处理设备处理，处理后用于植被绿化、农田灌溉，或者定期清运。

(a)

(b)

图 5-9　变电站内排水系统

（a）雨水井；（b）雨水池

对于在运变电站，特别是远离城区、站址附近无市政污水处理管网的变电站（换流站），如果污水不能够达标排放，应该在扩建工程中对污水处理设施进行改造升级，确保污水排放达标。

变电站生活污水经过化粪池或地埋式一体化污水处理设备处理后，酸碱度（pH 值）、悬浮物（SS）、生化需氧量（BOD_5）、化学需氧量（COD）、氨氮（NH_3–N）、总磷 (TP) 等监测指标应该满足《污水综合排放标准》（GB 8978—1996）相应等级的排放标准限值要求。

污水处理设备的选择应该根据变电站（换流站）所在区域水环境质量和排放标准要求，结合技术条件和经济条件进行选择设置，经化粪池预处理后，进一步采取地埋式一体化污水处理设备进行处理。

（1）化粪池。化粪池是一种利用沉淀和厌氧发酵的原理，将生活污水分格沉淀，对污泥进行厌氧消化，去除生活污水中悬浮性有机物的处理设施，属于初级的生活污水处理构筑物。化粪池采用多级处理，三级化粪池由相连的三个池子组成，中间由管道联通，生活污水依次经过一级池、二级池、三级池，在不同池子中分别进行沉淀发酵、净化处理，图 5–10 为三级化粪池结构图。成品成套化粪池由于整体成型性好、安装简单、价格便宜、防渗漏效果好、易于维护等优点，在变电站中得到了广泛应用，成品成套化粪池有玻璃钢化粪池、PVC 化粪池，也有混凝土或砖结构的化粪池，如图 5–11 所示。

（2）地埋式一体化污水处理设备。地埋式一体化污水处理设备可埋入地表下，设备上方地表可作为绿化或其他用地，不需要建房及采暖和保温，全自动控制，操作简单，维修方便，适用范围广，处理效果好，在变电站建设中得到了广泛应用，如图 5–12 所示。

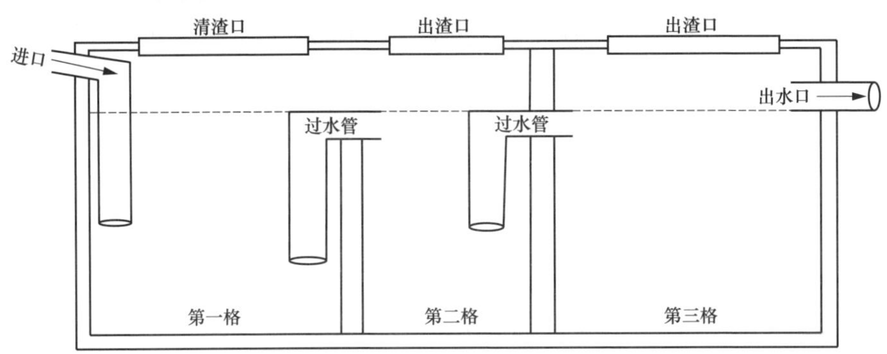

图 5–10　三级化粪池结构图

图 5-11　成品成套化粪池

图 5-12　变电站地埋式一体化废水处理装置

地埋式一体化污水处理设备有多种污水处理工艺，变电站污水处理工艺的选择，应结合水环境质量要求、污水处理规模、污水水质特性以及污水处理排放要求选择切合实际可行、经济合理的处理工艺方案。变电站所产生的污水主要是生活污水，具有典型的有机物含量高、含氮量较低、可生化好等特点，可以采用生物处理方法。

5.3　水土流失及防治措施

水土流失是指在水力、重力、风力等作用下，水土资源和土地生产力的破坏和损失，包括土地表层侵蚀和水土损失。

5.3.1 水土流失影响分析

1. 水土流失影响因素分析

输变电工程水土流失主要是工程施工过程中进行的土地占用、工程开挖、弃土弃渣堆放以及施工道路扰动造成地表扰动、表土裸露、形成边坡等现象，扰动区域降水后将会出现不同程度的水土流失现象。土地平整将会对施工区的地表植被造成破坏，变电站主要建筑和围墙、主变压器基础、杆塔基础以及排水沟等工程开挖，会使得开挖面暴露，土壤的稳定性遭到破坏，导致水土流失。施工中临时占用的牵张场、施工道路、施工生产生活区、其他临时占地、临时堆土等施工场地，会导致土壤地表裸露、土地占压、形成边坡等，容易造成水土流失。

输变电工程建设可分为变电站工程区和线路工程区，变电站区具体可细分为站区（含施工生产生活区）、进站道路区、站外供排水管线区等；输电线路区具体可细分为塔基区（含塔基施工区）、牵张场地区、施工道路区、跨越施工区和拆迁场地区等。因不同工程的布局、施工工艺、水土流失特点不同，水土流失影响也不同，应结合分区结果及其水土流失特点采取相应的措施。

2. 水土保持措施布设原则

输变电工程水土保持工作的开展要按照《中华人民共和国水土保持法》提出的“预防为主、保护优先、全面规划、综合治理、因地制宜、突出重点、科学管理、注重效益”的总体原则进行。水土保持措施体系布设时应本着主体工程具有的水土保持措施与水土保持方案补充的水土保持措施相结合，工程措施、植物措施等永久措施和临时措施相结合的原则，形成投资省、效益好、可操作性强的水土保持措施体系，有效防治责任范围内的水土流失。

5.3.2 水土保持措施

水土保持措施包括工程措施、植物措施和临时措施等。工程措施主要是以保持土体稳定和截排水的建筑工程防护措施，如挡土墙、护坡、截（排）水沟等；植物措施主要是指采用林草植被措施进行绿化，减少地表土壤侵蚀的一种防护措施，如撒播草籽、铺设草皮、种植树木等；临时措施主要有临时排水沟、沉砂池、临时拦挡、苫盖、临时绿化等。

1. 工程措施

水土保持工程措施是指通过改变一定范围内小地形，拦蓄地表径流，增加土壤降雨入渗，改善农业生产条件，充分利用光、温、水土资源，建立良性生态环境，减少或防止土壤侵蚀，合理开发、利用水土资源而采取的措施。输变电工程常用的水土保持工程措施有表土剥离及回填、截（排）水沟、碎石铺设、护坡、挡土（渣）墙、土地整治和沙障防护等。工程措施要尽量选用当地材料，做到技术上可行、经济上合理。

（1）表土剥离及回覆。施工前，对变电站站址区域、塔基区、进站道路等区域范围内永久占地占用耕地、林地、草地、园地的区域根据扰动情况进行表土剥离。表土剥离量应按需剥离，根据整治土地的利用方向、植被恢复、复耕措施的面积等需土量和表层熟化土厚度确定，一般为 20 ~ 60cm，施工结束后将剥离的表土全部回覆至整平后的施工场地内用于恢复耕地及绿化，如图 5–13 所示。

图 5–13　表土剥离、集中堆放

（2）土地整治。土地整治是控制水土流失、改善土地生产力、恢复植被的基础工作。在土地整治前应首先确定土地的用途，根据土地的用途采用适宜的土地整治措施。工程完工后通过对扰动的场地进行坑凹回填、翻松土壤、增施有机肥、清除垃圾、整平等整治活动，使临时占用林地、草地、耕地、园地的区域应尽量恢复土地原有功能，即原地貌为耕地的恢复为耕地，原地貌为非耕地的恢复为林、草地；也可按土地利用规划进行土地整治，如图 5–14 所示。

（3）挡土（渣）墙。挡土（渣）墙是指支撑和防护弃渣体，防止其失稳滑塌的构筑物。挡土（渣）墙一般适用于站址区、塔基区、弃渣场等坡脚的防护。当永久占地或者施工区域位于山包或斜坡，且四周或下坡侧为陡坡时，降低基面与开挖的土石方无法就地堆稳，应在堆土的下方修建挡土（渣）墙，将弃土堆放在挡土（渣）墙内。同时为了降低地下水和降雨集水对墙体的压力，保证墙体的稳定性和安全性，挡土（渣）墙应设置排水沟、排水孔等排水措施，图 5–15 为变电站和线路塔基浆砌石挡土（渣）墙。

图 5-14 塔基区复耕及土地整治

图 5-15 浆砌石挡土（渣）墙

（4）截（排）水沟。截（排）水沟包括截水沟和排水沟，截水沟是指在坡面上修筑的拦截、疏导坡面径流，具有一定比降的沟槽工程，一般用来拦截并排除上游汇水和地面径流，保证边坡的稳定和主体工程的安全，同时防止地面径流产生的水土流失；排水沟是指用于排除地面、沟道或地下多余水量的沟，一般布设在坡面截水沟的两端或者较低一端，作为截水沟的顺接工程用以排除截水沟不能容纳的径流，排水沟末端处设置防冲消能措施。

变电站区截水沟一般布设在站址区上游来水汇集处，排水沟一般布设在下游排水区域或作为截水沟的顺接工程，具体布设位置根据地形确定；输电线路塔基处截水沟一般布设在塔基上游来水汇集处，排水沟一般布设在下游排水区域或作为截水沟的顺接工程，线路工程塔基如果塔位存在一定的坡度，均需在塔位上坡侧依山势设置环状截（排）水沟，以拦截和排除周围山坡汇水面内的地表水，保证杆塔安全稳定，防止水土流失。图 5-16 为变电站和塔基设置的排水沟。

(a)

(b)

图 5–16　截（排）水沟

（a）变电站围墙外排水沟；（b）塔基排水沟

（5）碎石压盖、道路硬化。碎石压盖就是用直径 3~5cm 的碎石对裸露地表进行压盖，防止地表在风力、水力等外应力作用下产生风蚀和水蚀等水土流失危害的措施。碎石压盖的厚度一般为 8~10cm 。

变电站为方便检修、维护，变电站区户外配电装置场地多采用碎石压盖。对于降水稀少、风蚀严重的西北黄土高原，植被恢复困难，线路塔基区等裸露地表可以进行碎石压盖，不但能够防止水土流失的产生，也有利于电力安全和维护，如图 5–17 所示。

(a)

(b)

图 5–17　碎石压盖

（a）站内碎石压盖；（b）线路塔基碎石压盖

进站道路同样要采用混凝土路面，两侧设计护坡与挡土墙，并设置排水沟，还要对道路两侧的护坡进行绿化，如图 5–18 所示。

(a)

(b)

图 5-18　进站道路硬化与截（排）水沟

（a）进站道路硬化；（b）排水沟

（6）护坡。护坡是为了防止边坡受冲刷，在坡面上所做的各种铺砌和栽植的统称。常见的护坡工程包括工程护坡、植被护坡和综合护坡三种。护坡一般布设在需要防护的变电站和线路塔基坡脚处，如变电站站区围墙外、塔基区等有一定坡度的区域，尤其是在山区、丘陵区的项目，需要根据不同情况设置不同类型的护坡。当防护土体和渣体内水位较高时，为减小护坡水压力，增加护坡的稳定，应设置排水孔等排水设施，及时将渣体中的地下水以及由降水形成的渗透水排出。图 5-19 为不同类型的护坡。

（7）沙障。沙障作为一种防风固沙、涵养水分的水土保持措施，在我国西北地区广泛应用，对风蚀较为严重的地区采用沙障结合乔灌草相结合的防治措施体系效果非常明显。一般布置在降水稀少、植被恢复困难的塔基区及施工场地区，如图 5-20 所示。

(a)

(b)

(c)

(d)

图 5-19 不同类型护坡

（a）变电站围墙外工程护坡；（b）塔基工程护坡；（c）变电站植草护坡；（d）综合护坡

(a)

(b)

图 5-20 草方格沙障

（a）进站道路沙障；（b）塔基沙障

2. 植物措施

水土保持植物措施是为防治水土流失，保护、改良和合理利用水土资源，所采取的造林、种草及封禁等措施。水土保持植物措施的主要作用是增加地表植被覆盖，避免坡面土壤受到雨滴击溅和暴雨径流的冲刷。输变电工程常用的水土保持植物措施包括撒播草籽、铺设草皮、种植树木等。

植物措施的布设应坚持因地制宜、因害设防的原则，根据工程所在地的立地条件类型，如土壤类型、地形地貌、气候气象、水文条件、水土流失特点等选择草种、树种，结合变电站的占地面积、电气设备平面布局、出线方式等进行植物措施布设，优先考虑乡土物种，选择抗风耐旱、保土保水能力强的物种类型，提高林草成活率和保存率。同时，树草种的选择应兼顾经济性的要求。植物措施应该和所在区域的景观保持一致，注重绿化、美化相结合。图 5-21 为不同类型的植物措施。

(a) (b) (c) (d)

图 5-21 不同类型的植物措施

（a）塔基撒播草籽；（b）站内铺设草皮；（c）进站道路绿化；（d）站内绿化

3. 临时措施

水土保持临时措施是为防止工程建设过程中土石方开挖、填筑、临时堆土堆放等行为，导致原有地表植被破坏、土壤裸露、水土流失加剧而临时采取的措施。输变电工程的水土流失主要是发生在工程施工期，在这期间如不及时采取有效的防护措施，有可能造成严重的水土流失危害。而在施工期间最有效缓解和防治水土流失的措施就是临时防护措施。因此，科学合理地布置水土保持临时防治措施在水土流失防治中起着极其关键的作用。

输变电工程常用的水土保持临时措施主要有临时排水沟、临时沉沙池、泥浆沉淀池、临时拦挡与苫盖、临时绿化、铺垫钢板、彩条旗围护、素土夯实等，水土保持临时措施是水土流失防治措施不可缺少的重要部分。临时措施的设置应和永久措施相结合，并根据项目特点、地形地貌、水文气象等条件因地制宜的配置不同的水土保持措施，能种植农作物的优先种植农作物，有效发挥各项水土保持措施的功能。

施工道路、施工场地、临时堆土等场地应建设临时排水沟，引导径流至安全地点，防止水土流失；为防止径流对沟口地表的冲刷及过多的泥沙进入自然沟道，需在排水口出口处设置沉沙池进行缓冲、沉淀泥沙；施工过程中，需在灌注桩外侧设置泥浆池存放钻孔施工需要的泥浆；施工剥离的地表熟土层或者开挖产生的临时堆土、临时堆料、弃土等周边要设置临时集中堆放的场地，并采取相应的拦挡与苫盖措施，后期用于复耕、绿化覆土利用或者回填；对裸露时间较长的区域或堆土，应采取临时撒播草籽、铺设草皮等方式进行临时绿化，以防止水土流失。图 5–22 为不同类型的临时措施。

(a) (b)

(c) (d)

(e)

(f)

图 5-22　不同类型的临时措施

（a）彩条布铺垫及硬质围栏；（b）临时拦挡；（c）泥浆池；（d）铺设钢板；（e）彩条旗围护；（f）临时土质排水沟

5.4　固体废物影响及控制措施

固体废物是指在生产、生活和其他活动过程中产生的丧失原有的利用价值或者虽未丧失利用价值但被抛弃或者放弃的固体、半固体和置于容器中的气态物品、物质以及法律、行政法规规定纳入废物管理的物品、物质。固体废物分为危险废物和其他废物，危险废物是指列入国家危险废物名录或者根据国家规定的危险废物鉴别标准和鉴别方法认定的具有危险特性的固体废物，其他废物包括一般工业固体废物和垃圾。

5.4.1　固体废物影响分析

输变电工程运行产生的危险废物包括电力设备事故状态下产生矿物油或检修、改造、报废等产生的废矿物油和变电站产生的废铅酸蓄电池，其他废物包括退役绝缘子、废瓷绝缘子、废电缆盖板、废表箱、废水泥电杆等退役的电力设备和垃圾。废弃物中的有机物和重金属等有害成分，若处理不当，可以通过环境介质对大气、土壤、水体产生污染，从而直接或间接危害人体健康，同时大量固体废物的堆积还会侵占土地。

1. 废矿物油

矿物油有高介电强度、较低的黏度、较高的闪点温度、良好的低温特性及抗氧化能力等基本特性，为了冷却和绝缘的需要，变压器及高压电抗器等设备内一般装有大量的矿物油。变压器及高压电抗器长期运行中，可能会出现矿物油绝缘能力下降，变压器报废、改造升级、检修等都可能会产生废矿物油；当变压器或者高压电抗发生事故时，将产生事故油。

根据《国家危险废物名录》，事故、维护、更换和拆解过程中产生的废矿物油属于危险废物。目前常用的变压器油属于环境难降解的有机污染物，存在较大的安全隐患和环境危害，危险废物必须交由有资质的危险废物处置单位进行妥善处置。

2. 废铅酸蓄电池

铅酸蓄电池具有价格低廉、高低温性能好、安全可靠、可浮充使用等突出优点，一直被用作变电站的备用电源，当变电站交流电源缺失时为控制回路、信号回路、事故照明回路、继电保护装置、自动装置以及逆变电源等提供可靠的直流电源，对保证变电站所有一、二次设备的安全运行起着重要作用。变电站铅酸蓄电池的设计寿命为10年左右，电池因长时间运行会出现电池容量下降、内阻增大、组内个别电池损坏或整组电池退运。

废铅酸蓄电池是《国家危险废物名录》中的危险废物，废旧铅酸蓄电池从变电站退役后，如不进行妥善贮存和处理，存在严重的安全隐患和环境污染隐患。如电池中残余的部分电量可能引起爆炸；栅板和电极中的铅、锑、砷、锡等重金属成分可能会造成水体、空气、土壤污染，并引起人体中毒现象等。因此，退役或者损坏的铅酸蓄电池应交由有资质的危险废物收集单位回收处理，严禁擅自处置。

3. 退役复合绝缘子

复合绝缘子生产运行中有着加工成型工艺简单、成本低、比重小等优点，与瓷绝缘子和玻璃绝缘子相比具有多种优势，又具有表面憎水性、防污、免清扫等优势，因此，复合绝缘子在高电压等级交直流输电线路中的应用比例越来越大。同时，复合绝缘子作为一种有机材质，在运行工况和自然条件下受到高温、污秽、潮湿、局部放电或高场强的联合作用，有机材料出现老化现象，需要更换绝缘子，或者绝缘子到达规定运行年限、因故障问题更换绝缘子都不可避免，且复合绝缘子材料难以降解，退役的复合绝缘子若处置不当，不仅将造成资源浪费，而且会引起环境带来污染以及空间占用等问题。

4. 其他废物

输变电工程产生的其他废物包括建筑垃圾、生活垃圾、运行产生的其他废物等。建筑垃圾主要是工程建设过程中产生的多余土石方、装修垃圾、各种设备包装材料等；生活垃圾主要是变电站运行人员会产生少量的生活垃圾；运行产生的其他废物主要有退役锂电池、废瓷瓶、废电缆盖板、废表箱、废水泥电杆等。

5.4.2 固体废物污染防治措施

固体废物防治三原则是减量化、资源化、无害化。输变电工程固废的处置也应该首先从废物产生的源头考虑，减少产生量，然后再考虑将其资源化，将废物有效利用，最后不能利用的，进行焚烧、固化、分解等无害化处置。输变电工程固废的防治措施包括收集、暂存、资源化或者无害化处置。

1. 固体废物的收集

危险废物收集时应依据《危险废物收集、贮存、运输技术规范》（HJ 2025—2012）规定，按照危险废弃物的种类、数量、特性等因素确定收集形式，进行分类收集。

（1）危险废弃物收集工作需配备必要的个人防护装备、收集工具和合适的包装物（容器），包装物（容器）应达到防爆、防渗、防漏要求，性质不相容的危险废物不得混合包装。

（2）废矿物油应使用具有防腐功能的容器收集，容器材质和衬里要与废矿物油不相溶，不发生化学反应；不同型号废矿物油应分类收集；盛装废矿物油时，容器预留容积应不少于总容积的 5%，密封存放，设置呼吸孔，防止膨胀；其包装物（容器）按规范粘贴危险废物标签，见图 5–23。

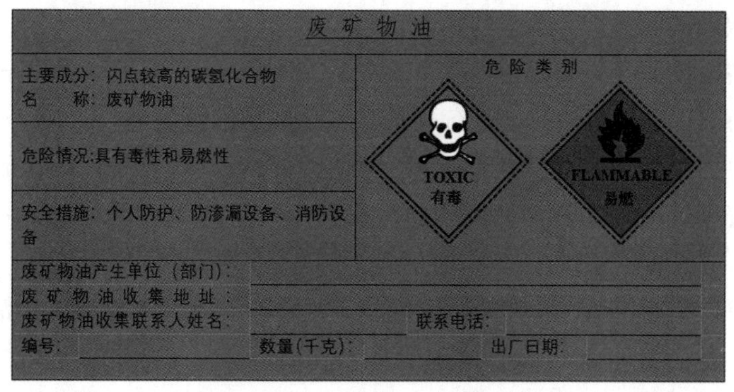

图 5–23　废矿物油容器标签

（3）废铅酸蓄电池拆除前应进行外观检视，破损或漏液的电池应单独收集，收集场地设置隔离带；破损或漏液电池的电解液应从电池中倒出，单独收集管理，收集容器应具有防腐功能，防止对环境造成二次污染；拆除的废铅酸蓄电池应直立放置，采取措施防止发生爆炸；其包装物（容器）或本体按规范粘贴危险废弃物标签，见图 5–24。

废锂电池在收集时应进行外观检视，破损、漏液或膨胀的电池应单独收集，电池极耳或极柱应做绝缘处理，防止短路。废绝缘子、废绝缘子、废电缆盖板、废非金属表箱和废水泥电杆等一般废弃物应根据种类、数量、特性等因素进行分类收集。

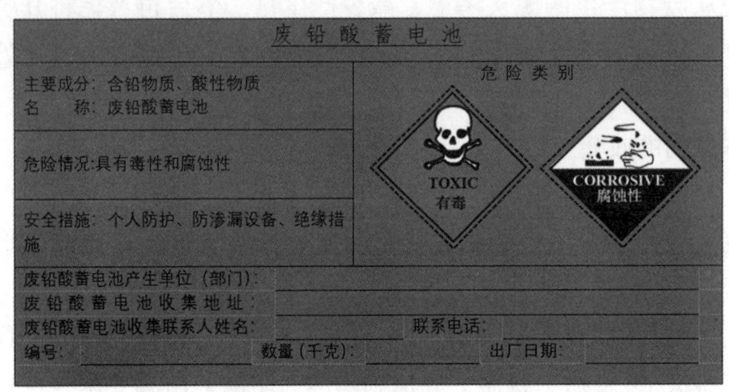

图 5–24　废铅酸蓄电池标签

（4）危险废物收集作业区域，应设置作业界限标志和警示牌。收集结束后，应清理和恢复收集作业区域，确保作业区域环境整洁。

（5）危险废物进行内部转运时，应遵守国家有关危险废物运输规定，防止运输过程中有毒有害物质泄漏造成污染。

2. 事故油的收集

变电站应按照《火力发电厂与变电站设计防火标准》（GB 50229—2019）等有关文件的规定建设事故排油系统和足够容量的事故油池：

（1）户内单台总油量为 100kg 以上的电气设备，应设置挡油设施及将事故油池排至安全处的设施。挡油设施的容积宜按油量的 20% 设计，当不能满足上述要求时，应设置能容纳全部油量的贮油设施。

（2）户外单台油量为 1000kg 以上的电气设备，应设置贮油或挡油设施，其容积宜按设备油量的 20% 设计，并能将事故油排至总事故贮油池。总事故贮油池的容量应按其接入的油量最大的一台设备确定，并设置油水分离装置。当不能满足上述要求时，应设置能容纳相应电气设备全部油量的贮油设施，并设置油水分离装置。

图 5–25 为事故油池人孔和透气孔，图 5–26 为事故油池纵剖面图。

图 5–25　事故油池人孔与透气孔

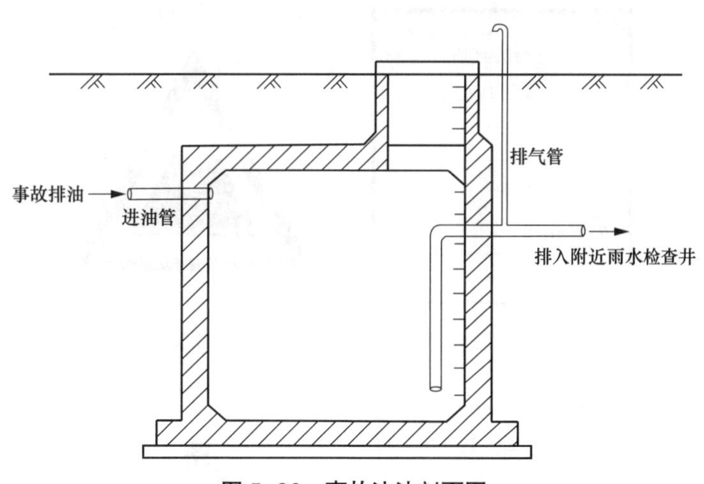

图 5–26　事故油池剖面图

变压器及高压电抗器下铺设卵石层，四周设有排油管道并与事故油池相连。发生事故时事故油将渗过卵石层并通过排油管道到达事故油池，在此过程中卵石层起到冷却作用，防止发生火灾，如图 5–27 所示。事故油在事故油池内经油水分离，交由有危险废物处置资质的单位回收处理。

图 5-27　主变压器下方事故油坑及卵石

3. 固体废物的暂存

（1）实行危险废物和一般废弃物分类存放，暂存场所应宽敞、干燥、通风，符合消防安全要求，暂存场所须有明显的标识和警示牌。图 5-28 为危险废弃物暂存场所标识和警示牌，图 5-29 为一般废物暂存场所标识和警示牌。

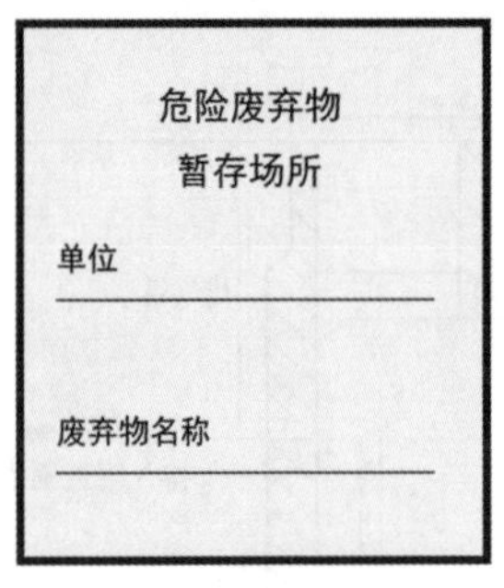

图 5-28　危险废弃物暂存场所标识和危险废弃物暂存场所警示牌

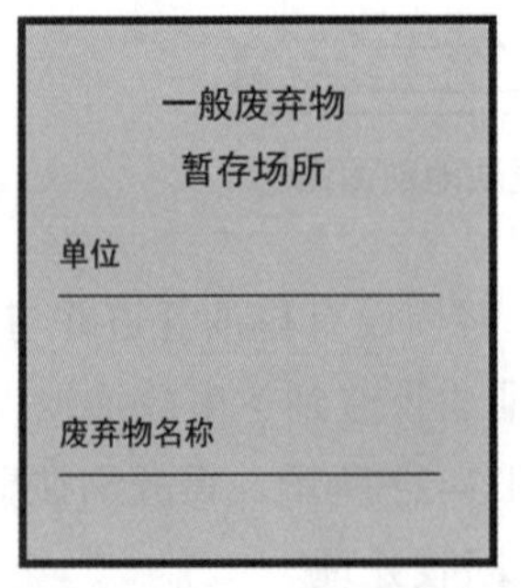

图 5-29　一般废弃物暂存场所标识和一般废弃物暂存场所警示牌

（2）废矿物油的暂存应符合《危险废物贮存污染控制标准》（GB 18597—2001）、《危险废物收集、贮存、运输技术规范》（HJ 2025—2012）、《废矿物油回收利用污染控制技术规范》（HJ 607—2011）等相关要求，暂存场所应相对独立，地面应做防渗处理，采取收集和导流措施防止泄漏，暂存时间不得超过 12 个月。

（3）废铅酸蓄电池和废锂电池禁止露天存放，暂存场所应相对独立，环境温度不得超过 45℃。废铅酸蓄电池和废锂电池不得直接堆放在地面上，应放在专门的电池架或者与地面有一定距离的具有绝缘功能的承重板上，并保持一定的通风散热间距。

废铅酸蓄电池暂存场所还应符合《危险废物贮存污染控制标准》（GB 18597—2001）、《危险废物收集、贮存、运输技术规范》（HJ 2025—2012）、《废铅酸蓄电池处理污染控制技术规范》（HJ 519—2020）等相关要求，地面应做防渗处理，并配有废液收集装置，暂存量不得大于 30t，暂存时间最长不得超过 60 天。

4. 固体废物的处置

（1）根据废矿物油来源，委托有相应危险废物综合经营许可证的单位进行环境无害化处置。

（2）废铅酸蓄电池应委托持有危险废物综合经营许可证的铅酸蓄电池生产企业或铅再生企业等相关单位进行环境无害化处置。

（3）废矿物油、废铅酸蓄电池等危险废物进行处置时，应按照国家环境保护总局第 5 号令《危险废物转移联单管理办法》办理危险废物转移联单，并依法向地方生态环境主管部门申报登记。

危险废物转移联单一般采用电子转移联单。转移危险废物的，应当通过国务院生态环境主管部门建立的危险废物电子转移联单信息管理系统运行电子转移联单，如暂不具备电子转移联单运行条件时，可以使用纸质转移联单。

（4）废锂电池处置时，可委托符合《新能源汽车废旧动力蓄电池综合利用行业规范条件》的企业进行综合利用或按照《废电池污染防治技术政策》《新能源汽车动力蓄电池回收利用管理暂行办法》等要求委托第三方（或社会公共机构）进行环境无害化处置。

（5）对废绝缘子、废瓷绝缘子、废电缆盖板、废非金属表箱和废水泥电杆等一般废弃物，实物使用保管单位在符合安全、环境等相关要求的前提下，自行或委托第三方（或社会公共机构）实施环境无害化处置。

5. 固体废物的资源化利用

（1）废矿物油。含矿物油设备退役后，应由专业人员负责记录相关信息，如设备电压等级、油型号、油生产厂家、运行时间、故障历史及运行中各项检测指标参数等，为废矿物油的回收、净化、再利用提供有效、可靠的依据。废油产生后，按照废矿物油的不同型号进行分类回收，对回收的废矿物油进行老化评价分级，并以此为依据采取不同的净化处理方式。由有资质的单位对废油进行性能检测，包括物化、电气、老化组分等，并出具检测报告。依据废矿物油性能检测结果进行油质分级。

可资源化利用的废油，通过脱水、脱气、再生、过滤净化、补加添加剂等措施处理后，满足同类型、同电压等级或较低电压等级运行变压器等充油设备的使用要求；再生后的矿物油应经有矿物油检测资质的单位进行检测，合格后方可使用。不可回用于系统内的油，为了防止其对环境造成污染，由有资质的单位进行无害化处理。

（2）废铅酸蓄电池。对退运的铅酸蓄电池安全贮存并进行性能评估，包括外观、电压、内阻、容量、循环性能等参数的测试，然后结合电池出厂时的基本信息以及使用过程中的各种数据记录，对电池进行分类、分级。然后依据性能评估结果判定分级电池的失效退运原因，并据此将电池分为可梯次利用与不可梯次利用两大类。

可资源化利用的废铅酸蓄电池通过小电流循环激活、脉冲修复、添加活化剂等单一或多种措施处理后，满足同类型、同电压等级或较低电压等级变电站的使用要求；修复后的铅酸蓄电池容量应大于额定容量的 80%，内阻和循环寿命等指标应符合生产运行规范。

再利用前，应经有铅酸蓄电池检测资质的单位进行测试，合格后方可使用。在这一过程中损坏的电池和不可梯次利用的电池交由有资质的单位进行无害化处理，避免污染环境。图 5-30 为退役电池修复后用于移动灌溉车动力电池。

图 5-30　退役电池修复后用于移动灌溉车

（3）退役复合绝缘子。有资源化利用价值的废复合绝缘子，主要通过分离、破碎、复合改性、资源化加工等步骤制备成应用于不同场合的橡胶类高分子产品，如粒径较大的可通过表面改性用于防滑涂层、沥青制造等工艺，粒径较小的可以通过改性或再生工艺提高胶粉的性能，回用于复合绝缘子的生产中，或者添加在各种橡胶涂料中。

再利用前，橡胶类高分子产品应按再生产品的种类及目标应用场合，经有相应资质的单位进行测试，合格后方可使用。

6 输变电工程环保措施应用案例

在前述章节相关基础理论和环保技术措施基础上，本章结合案例，详细说明变电站噪声治理、线路电磁环境达标治理、变电站生活污水处理、线路穿（跨）越水源地环保措施、固体废物资源化利用、水土保持等典型环保措施具体应用情况。

6.1 电磁环境控制措施案例分析

6.1.1 工程设计内容概述

某 500kV 线路同塔双回架设，路径长度 61.1km，距离较近的环境敏感目标如图 6–1 所示，罗家村王某家、罗某家房屋结构为 2 层尖顶，距离拟建线路 8m。根据《110kV~750kV 架空输电线路设计规范》(GB 50545—2010)，500kV 线路经过非居民区、居民区时，导线对地最低高度分别为 11m、14m，因此本工程导线对地架设高度按非居民区距离 11m、居民区距离 14m 进行设计。

图 6–1 拟建线路与敏感目标位置关系示意图

6.1.2 导线对地设计高度电场强度预测

输变电工程实际运行中，磁感应强度敏感目标处不会超标，本节针对电场强度结果提出电磁环境控制措施。

电场强度预测结果如表 6–1 所示。

表 6–1　导线设计高度下电场强度预测结果

距线路中心的距离 (m)	距边导线距离 (m)	导线对地 11m	导线对地 14m	
		距地面 1.5m 处	距地面 1.5m 处	距地面 5.5m 处
–60	50.35	510.5	440.8	447.8
–55	45.35	538.9	448.2	460.7
–50	40.35	554.7	436.3	459.6
–45	35.35	545.9	391.4	437.9
–40	30.35	493.3	297.1	400.9
–35	25.35	386.3	211.6	428.1
–30	20.35	415.9	519.7	737.7
–29	19.35	492.0	637.7	850.4
–28	18.35	598.2	773.9	982.9
–27	17.35	734.6	929.4	1136.5
–26	16.35	902.1	1105.6	1313.1
–25	15.35	1102.8	1304.1	1514.8
–24	14.35	1339.8	1526.9	1744.0
–23	13.35	1617.0	1775.7	2003.4
–22	12.35	1939.3	2052.1	2295.7
–21	11.35	2311.7	2357.2	2623.7
–20	10.35	2739.5	2691.7	2989.9
–19	9.35	3227.7	3054.9	3396.6
–18	8.35	3779.6	3445.0	3844.7

续表

距线路中心的距离 (m)	距边导线距离 (m)	导线对地 11m	导线对地 14m	
		距地面 1.5m 处	距地面 1.5m 处	距地面 5.5m 处
−17	7.35	4396.3	3858.1	4334.1
−16	6.35	5074.9	4287.8	4861.7
−15	5.35	5806.3	4725.1	5421.1
−14.65	边导线外 5m	6074.8	4876.6	5624.1
−14	4.35	6573.3	5157.9	6001.0
−13	3.35	7348.5	5571.2	6583.6
−12	2.35	8093.6	5947.9	7144.1
−11	1.35	8761.0	6269.8	7650.7
−10	0.35	9298.2	6520.1	8068.2
−9	边导线内	9656.7	6685.3	8363.1
−8	边导线内	9802.0	6757.6	8512.3
−7	边导线内	9723.4	6737.5	8510.6
−6	边导线内	9439.0	6634.5	8374.3
−5	边导线内	8994.4	6467.0	8138.5
−4	边导线内	8457.1	6261.6	7850.4
−3	边导线内	7907.3	6050.3	7560.5
−2	边导线内	7430.0	5866.9	7315.3
−1	边导线内	7104.0	5742.1	7152.1
0	边导线内	6988.1	5697.9	7095.0
1	边导线内	7104.0	5742.1	7152.1
2	边导线内	7430.0	5866.9	7315.3
3	边导线内	7907.3	6050.3	7560.5
4	边导线内	8457.1	6261.6	7850.4
5	边导线内	8994.4	6467.0	8138.5

续表

距线路中心的距离 (m)	距边导线距离 (m)	导线对地 11m	导线对地 14m	
		距地面 1.5m 处	距地面 1.5m 处	距地面 5.5m 处
6	边导线内	9439.0	6634.5	8374.3
7	边导线内	9723.4	6737.5	8510.6
8	边导线内	9802.0	6757.6	8512.3
9	边导线内	9656.7	6685.3	8363.1
10	0.35	9298.2	6520.1	8068.2
11	1.35	8761.0	6269.8	7650.7
12	2.35	8093.6	5947.9	7144.1
13	3.35	7348.5	5571.2	6583.6
14	4.35	6573.3	5157.9	6001.0
14.65	边导线外 5m	6074.8	4876.6	5624.1
15	5.35	5806.3	4725.1	5421.1
16	6.35	5074.9	4287.8	4861.7
17	7.35	4396.3	3858.1	4334.1
18	8.35	3779.6	3445.0	3844.7
19	9.35	3227.7	3054.9	3396.6
20	10.35	2739.5	2691.7	2989.9
21	11.35	2311.7	2357.2	2623.7
22	12.35	1939.3	2052.1	2295.7
23	13.35	1617.0	1775.7	2003.4
24	14.35	1339.8	1526.9	1744.0
25	15.35	1102.8	1304.1	1514.8
26	16.35	902.1	1105.6	1313.1
27	17.35	734.6	929.4	1136.5
28	18.35	598.2	773.9	982.9

续表

距线路中心的距离 (m)	距边导线距离 (m)	导线对地 11m	导线对地 14m	
		距地面 1.5m 处	距地面 1.5m 处	距地面 5.5m 处
29	19.35	492.0	637.7	850.4
30	20.35	415.9	519.7	737.7
35	25.35	386.3	211.6	428.1
40	30.35	490.3	297.1	400.9
45	35.35	545.9	391.4	437.9
50	40.45	554.7	436.3	459.6
55	45.35	538.9	448.2	460.7
60	50.35	510.5	440.8	447.8
≤ 4kV/m 点	—	—	边导线外 7.02m	边导线外 8.03m

注 1. 双回架空线路所产生的电磁场大小对称分布，以线路中心为零点，“—”代表线路中心左侧，无符号为右侧。
2. “距边导线距离”列，未注明边导线内的预测点位，均表示在边导线之外边导线 5m 是测量标准中关注的点位。

本工程拟建同塔双回线路通过非居民区。导线最小对地距离 11m 时，距地面 1.5m 处的工频电场最大值为 9.802kV/m，最大值出现在距线路走廊中心地面投影 8m 处（边相导线内），满足《电磁环境控制限值》(GB 8702—2014) 中架空线路下耕地区域 10kV/m 的限值要求。线路工频电场分布如图 6–2 所示。

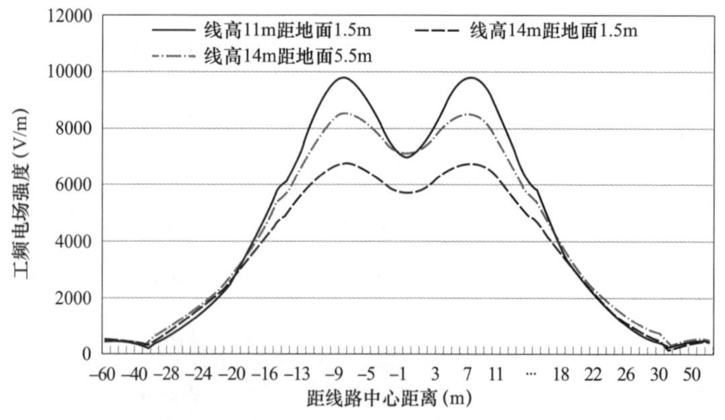

图 6–2　同塔双回线路工频电场分布图

本工程拟建同塔双回线路通过居民区。导线最小对地距离 14m 时，距地面 1.5m 高度处（一层房屋）、5.5m 处（二层房屋）的工频电场最大值分别为 6.758、8.512kV/m，最大值均出现在边相导线内，均不能满足《电磁环境控制限值》(GB 8702—2014) 中 4kV/m 限值要求，如图 6–2 所示。

6.1.3 电磁环境预测与实际监测验证

按照电磁环境类比监测时相同工况条件进行理论计算，并与实测值分析比较，以验证预测方案的可信度。

与本工程同型杆塔及导线参数条件的某投运已验收的 500kV 线路实测结果与理论计算结果对比情况见表 6–2、图 6–3。

表 6–2　某Ⅰ、Ⅱ同塔双回线路工频电场实测结果与计算结果对比表

距离线路中心的距离（m）	工频电场强度（V/m，1.5m）	
	实测值（导线对地 19m）	理论计算值（导线对地 19m）
0	4208.6	4405.5
1	4235.3	4413.8
2	4237.3	4438.2
3	4242.3	4474.4
4	4246.6	4515.6
5	4341.3	4553.9
6	4373.3	4581.2
7	4297.4	4590.0
8	4228.9	4574.5
9	4130.3	4530.3
10	4025.4	4455.3
11	3862.5	4349.3
12	3665.8	4213.8
13	3538.2	4051.8

续表

距离线路中心的距离（m）	工频电场强度（V/m，1.5m）	
	实测值（导线对地 19m）	理论计算值（导线对地 19m）
14	3424.2	3867.1
15	3301.8	3664.3
16	3229.6	3448.3
17	3105.1	3223.6
18	2976.9	2994.6
23	2064.6	1901.4
28	1135.7	1050.4
33	677.77	781.5
38	392.48	487.0
43	211.09	326.3
48	109.72	187.0
53	81.22	153.5
58	97.52	185.1

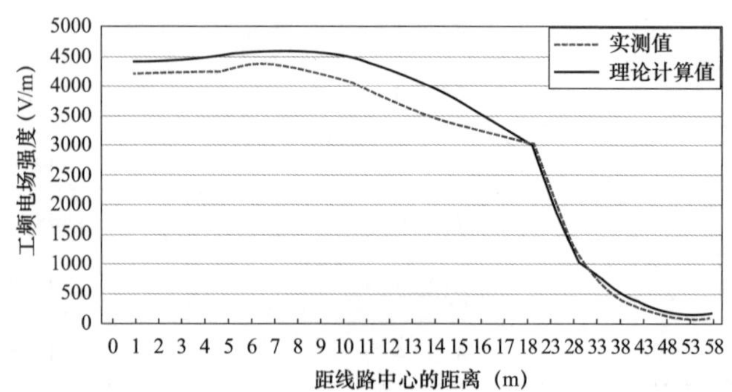

图 6–3　某同塔双回线路工频电场强度计算结果与实测结果对比图

由上述数据可知，500kV 线路工频电场强度实测结果与预测结果相比，数据基本吻合，理论值和实测值工频电场强度变化趋势一致。理论计算、实际测量最大值分别为 4590、4373V/m，偏差率为 4.9% 且理论计算值略大，因此采用模式预测工程投运后的实际电磁影响是可信的。

6.1.4 架空线路电磁环境控制措施

本工程拟建 500kV 线路在《110kV~750kV 架空输电线路设计规范》(GB 50545—2010) 要求的 14m 导线对地高度下，线路下方及边相导线 5m 外的工频电场强度均有超标现象。为避免线路工频电场超标对附近居民造成影响，可以采用如下两种控制措施。

1. 输电线路杆塔抬升措施

线路对地高度为 14m 时，线路中心地面投影外的 1.5m 和 5.5m 高处（一层平台）的工频电场强度预测点最大值均大于 4kV/m 公众曝露控制限值，因此需进行居民区线路杆塔抬升。

表 6–3 通过预测反推，给出了距地面 1.5m 高处线下工频电场强度全部达标时的导线最小对地高度（导线对地高度 20m）。同时计算距地面 5.5m 高处（一层平台）边导线 5m 外工频电场强度全部达标时的导线最小对地高度（导线对地高度 19m），边导线 5m 外民房无需进行搬迁的最小对地高度（导线对地高度 17m）。

线路抬升高度计算结果详见表 6–3 和图 6–4。

表 6–3　　不同预测高度工频电场强度计算结果　　单位：kV/m

距线路中心的距离 (m)	距边导线距离 (m)	导线对地 17m，距地面 1.5m 处	导线对地 20m，距地面 1.5m 处	导线对地 19m，距地面 5.5m 处
0	边导线内	4.669	3.871	4.673
1	边导线内	4.685	3.876	4.683
2	边导线内	4.731	3.891	4.710
3	边导线内	4.798	3.912	4.750
4	边导线内	4.875	3.935	4.794
5	边导线内	4.948	3.954	4.832
6	边导线内	5.005	3.964	4.856
7	边导线内	5.033	3.960	4.857

续表

距线路中心的距离 (m)	距边导线距离 (m)	导线对地 17m，距地面 1.5m 处	导线对地 20m，距地面 1.5m 处	导线对地 19m，距地面 5.5m 处
8	边导线内	5.024	3.937	4.827
9	边导线内	4.972	3.892	4.763
10	0.35	4.875	3.824	4.662
11	1.35	4.735	3.733	4.526
12	2.35	4.556	3.619	4.357
13	3.35	4.343	3.485	4.162
14	4.35	4.103	3.333	3.945
14.65	边导线外 5m	3.935	3.225	3.794
15	5.35	3.844	3.167	3.713
16	6.35	3.573	2.991	3.472
17	7.35	3.297	2.807	3.227
18	8.35	3.022	2.620	2.983
19	9.35	2.752	2.431	2.744
20	10.35	2.492	2.245	2.513
21	11.35	2.244	2.062	2.291
22	12.35	2.009	1.885	2.080
23	13.35	1.789	1.715	1.882
24	14.35	1.585	1.554	1.696
25	15.35	1.396	1.400	1.524
26	16.35	1.222	1.256	1.364
27	17.35	1.064	1.121	1.217
28	18.35	0.919	0.995	1.081
29	19.35	0.787	0.879	0.958
30	20.35	0.668	0.770	0.846

续表

距线路中心的距离 (m)	距边导线距离 (m)	导线对地 17m，距地面 1.5m 处	导线对地 20m，距地面 1.5m 处	导线对地 19m，距地面 5.5m 处
35	25.35	0.242	0.348	0.434
40	30.35	0.148	0.108	0.252
45	35.35	0.254	0.140	0.249
50	40.45	0.326	0.227	0.293
55	45.35	0.361	0.280	0.324
60	50.35	0.372	0.307	0.338

注 输电线路电磁环境敏感目标均为居民尖顶房，房屋每层高度按 4m 考虑。

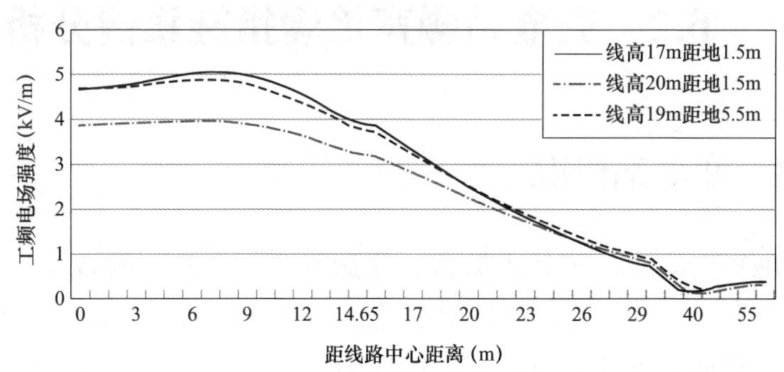

图 6–4　不同预测高度工频电场强度计算结果分布曲线图

由上述计算结果可知：当本工程线路经过居民区，导线最小对地高度为 20m 时，距地 1.5m 处所有预测点的工频电场强度均能满足 4kV/m 的标准限值要求；当导线最小对地高度为 17m 时，输电线路边导线地面投影外 5m 以外区域距地面 1.5m 处的工频电场强度均能满足 4kV/m 的标准限值要求；当导线最小对地高度为 19m 时，输电线路边导线地面投影外 5m 以外区域距地面 5.5m 处（考虑到农村自建房屋楼层一般相对较高，故一层平台以 4m 高度计）的工频电场强度均能满足 4kV/m 的标准限值要求。

2. 敏感目标环保拆迁措施

本工程拟建双回直线塔线路通过居民区，导线最小对地高度 14m 时最大拆迁控制范围见表 6–4。

表 6–4　同塔双回线路工频电场强度达标范围汇总表

导线对地高度 14m	距地面 1.5m（一层房屋）	最大值（kV/m）	达标范围
		6.758	边相导线外 7.02m 以外
	距地面 5.5m（二层房屋）	最大值（kV/m）	达标范围
		8.512	边相导线外 8.03m 以外

本工程拟建同塔双回线路经过居民区、导线弧垂最小对地高度为 14m 时，4kV/m 的电磁影响达标控制范围对一层房屋、二层房屋分别为边导线外 7.02、8.03m，取整后分别为 8、9m。因此如采取此方案，罗家村王某家、罗某家需要拆迁。

6.2　变电站噪声治理措施案例分析

6.2.1　变电站概况

某 110kV 变电站位于某市城区，为运行多年老站，两台容量 50MVA 主变压器户外露天布置。变电站围墙西侧、南侧及北侧分布有居民楼，东侧为小区道路。根据本市现行声环境功能区划，变电站位于声功能区 1 类区 [噪声厂界排放限值：昼间≤ 55dB（A），夜间≤ 45dB（A）]。日常例行监测时发现变电站厂界噪声超标，变电站平面布局及噪声测量布点见图 6–5，监测结果见表 6–5、表 6–6。

根据监测结果，声源主要为变压器噪声，根据等效连续 A 声级监测结果：两台主变压器声源值为 57.6~61.3dB（A）。厂界噪声昼间为 54.7~58.5dB（A），夜间为 51.3~54.4dB（A），不满足《工业企业厂界环境噪声排放标准》（GB 12348—2008）1 类标准限值 [昼间 55dB（A），夜间 45dB（A）]。厂界西侧超标较为严重，昼间超标 4.5dB（A），夜间超标 7.4dB（A）。

变压器声源的噪声频谱特征表现为噪声声能量集中分布于 125、250、500Hz 峰值频段上，在 500~1000Hz 频带噪声值呈现下降的趋势。当频率超过 1000Hz 后，频带噪声值随频率增加而快速下降，直至 16kHz 的频段，噪声值下降到较低的水平。改造前主变压器和厂界测点噪声频谱特征见图 6–6、图 6–7。厂界噪声频谱特征规律与变压器声源噪声频谱特征基本一致。

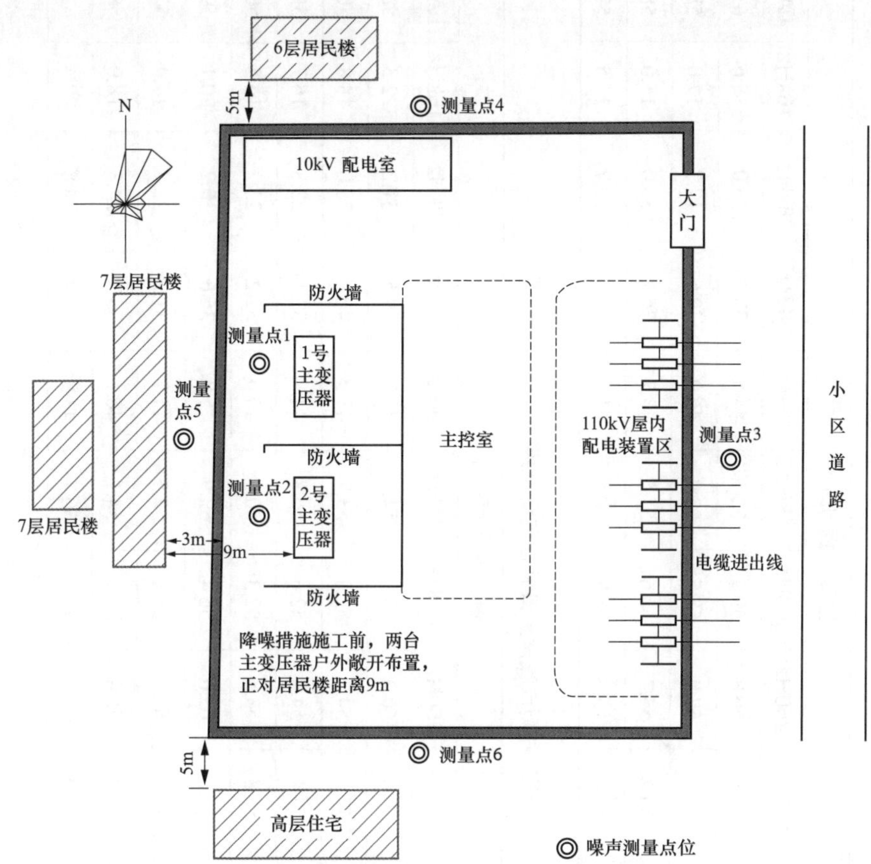

图 6-5　实施降噪措施前变电站平面布置及监测布点示意图

表 6-5 改造前主变压器声源频谱特征监测结果

监测点位描述			监测数据 dB(A)											
			16Hz	31.5Hz	63Hz	125Hz	250Hz	500Hz	1kHz	2kHz	4kHz	8kHz	16kHz	LAeq
测量点 1	1 号主变压器西侧 2m	昼间	49.4	52.2	54.8	60.8	66.8	59.9	52.1	44.5	33.2	25.0	18.6	61.3
		夜间	48.4	54.6	54.1	58.7	57.9	58.5	52.9	46.0	30.5	17.7	17.0	58.1
测量点 2	2 号主变压器西侧 2m	昼间	51.1	53.5	53.9	60.2	55.7	60.6	51.6	43.7	36.1	31.0	18.0	58.8
		夜间	50.3	50.5	52.2	58.4	55.3	58.9	50.5	41.3	28.3	19.7	17.5	57.6

表 6-6 改造前厂界测点噪声频谱特征监测结果

监测点位描述			监测数据 dB(A)											
			16Hz	31.5Hz	63Hz	125Hz	250Hz	500Hz	1kHz	2kHz	4kHz	8kHz	16kHz	LAeq
测量点 3	厂界围墙东侧 1m	昼间	46.3	46.3	45.1	60.6	60.2	55.0	54.2	48.3	39.5	31.2	22.3	58.2
		夜间	43.1	42.8	44.0	57.1	54.2	52.8	53.2	43.9	40.9	28.0	18.8	50.9
测量点 4	厂界围墙南侧 1m	昼间	40.0	44.2	42.3	58.4	54.0	52.6	50.8	44.8	32.1	23.8	16.7	55.7
		夜间	37.7	41.3	42.5	55.8	53.4	52.3	50.1	44.0	32.2	23.2	16.5	50.3
测量点 5	厂界围墙西侧 1m	昼间	43.1	44.7	43.1	57.6	65.0	56.4	52.9	45.8	36.6	30.2	20.1	59.5
		夜间	43.6	43.4	41.8	55.8	60.3	55.3	52.5	44.7	31.2	22.5	17.4	52.4
测量点 6	厂界围墙北侧 1m	昼间	43.3	44.4	44.2	58.8	56.8	56.9	54.1	46.1	33.2	24.3	18.0	58.1
		夜间	41.7	42.3	46.3	54.0	53.4	49.6	50.7	43.9	31.7	24.8	20.4	51.7

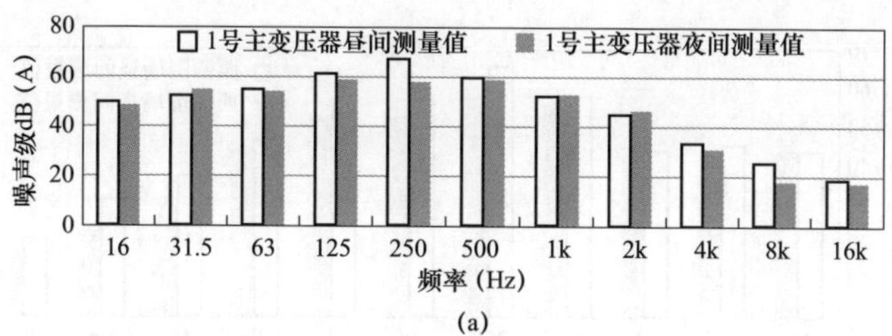

(a)

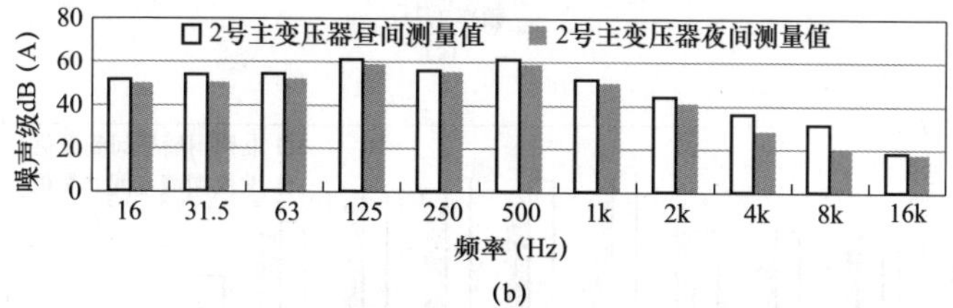

(b)

图 6-6 改造前主变噪声频谱特征图

（a）1号主变压器噪声频谱特征图；（b）2号主变压器噪声频谱特征图

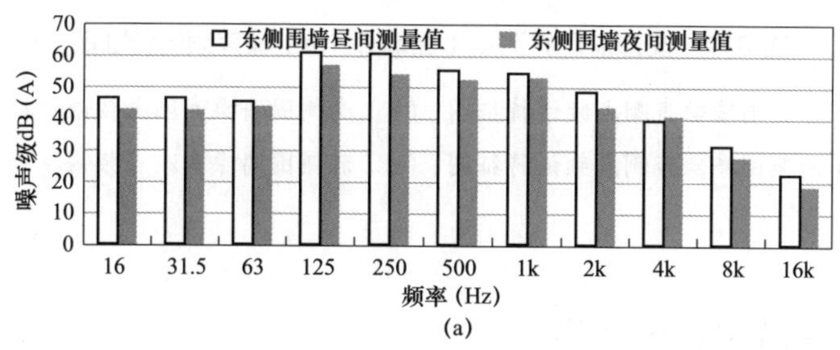

(a)

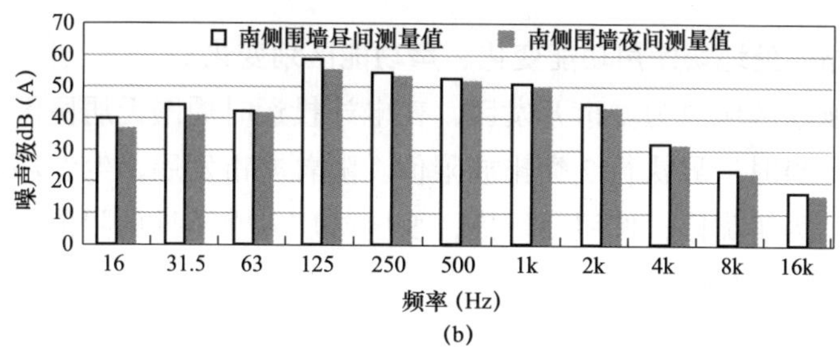

(b)

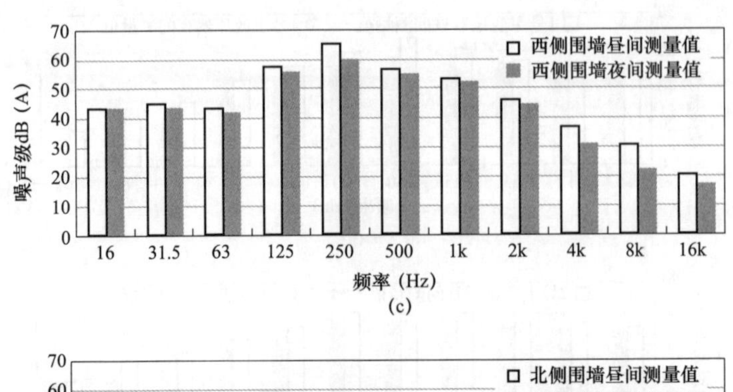

（c）

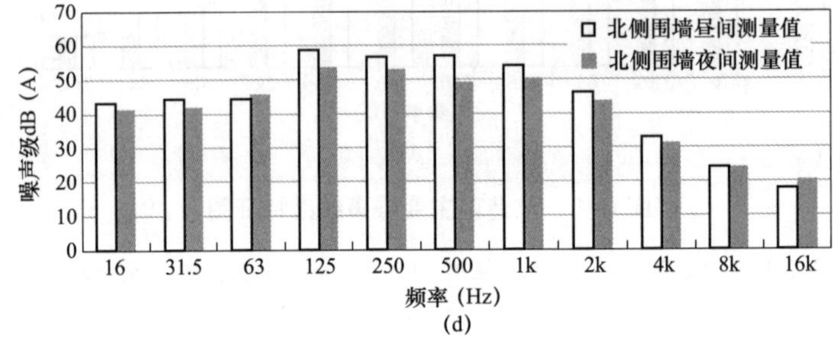

（d）

图 6-7　改造前厂界测点（围墙外 1m）噪声频谱特征图

（a）东侧围墙噪声测点频谱特征图；（b）南侧围墙噪声测点频谱特征图
（c）西侧围墙噪声测点频谱特征图；（d）北侧围墙噪声测点频谱特征图

6.2.2　超标原因分析

1. 变电站所处地块使用功能变化、声功能区划变化

变电站所处区域原为城市开发区，变电站投运时周围无居民区，根据环评及验收批复，当时厂界执行 2 类排放限值。随着城市发展，生态环境主管部门调整功能区划为 1 类区，按照新标准，变电站厂界噪声排放限值应按 1 类标准执行，执行标准更严格。

2. 设备因素影响分析

（1）主要噪声源（两台主变压器）与居民楼距离较近，主变压器距离最近居民楼约 9m，易受主变压器噪声影响；

（2）主变压器布置方式影响，变电站设计建设时，周围环境空旷简单，当时主变压器户外布置较为合理正常，变电站投运多年，设备老化，主变压器户外运行，噪声影响变大；

（3）变电站围墙采用栅栏，没有隔声降噪功能。

6.2.3 降噪治理环保措施

1. 治理目标

采用降噪材料和装置，同时考虑设备运行安全和检修便利等因素，通过科学合理的系统化设计，控制噪声对周边环境的影响；经过降噪处理后，使厂界的噪声排放限值在 1 类标准范围内，有效改善变电站周边的声学环境，降低变电站工作员工和居民的噪声困扰。

2. 措施设计方案

噪声控制可以从噪声源、噪声传播途径、接受者三个方面采取降噪措施。

对噪声源的降噪措施，可采用更换老化设备附件，如连接附件、风机等，减少振动噪声。对接受者采取的降噪措施采取加装隔声窗。噪声传播途径的控制是变电站最主要也最普遍的噪声控制措施，如加装吸、隔声装置。综合比较，对噪声传播途径的控制是降噪最有效的办法，本变电站噪声治理主要采用加装不同的吸、隔声装置。

根据两台主变压器设备布设位置、建筑土建结构、周围敏感建筑目标等各方面实际状况，以及为满足检修空间及设备散热需求，降噪布设形式采用声屏障 + 隔声屋顶的降噪方式。声屏障由结构支撑材料 + 吸声壁面 + 隔声门 + 消声器（含风机）组成，屋顶主要由隔声板材及支撑结构组成。

（1）声屏障内吸外隔控制措施。声屏障设计高度为 5m，需对声屏障基础进行土方开挖及浇筑等工作，开挖土方量为 $32m^3$。

声屏障采用隔声复合板 + 吸声壁面结构，面向主变压器设备一侧的主体结构，采用具有优良低频吸声系数的吸声板，可充分吸收主变压器的低频噪声，吸声材料降噪量一般为 3 ~ 8dB；而面向外的主体结构，采用高效隔声板，隔声降噪量 15~30dB，可有效阻止噪声向外侧传播。

吸、隔声材料采用模块化设计方法，将吸声板和隔声板组合成吸、隔声一体化结构，通过钢立柱及结构 H 型钢组成声屏障，布设高度 5m。

防火墙两侧布设新型复合吸声壁面，布设高度与防火墙等高。防火墙与主控楼 2.5m 宽的间隔用隔声板进行封堵，高度与防火墙等高，隔声板内侧设置带有消声器的风机，排风口高度约 3.7m。降噪装置布设如图 6-8 所示。

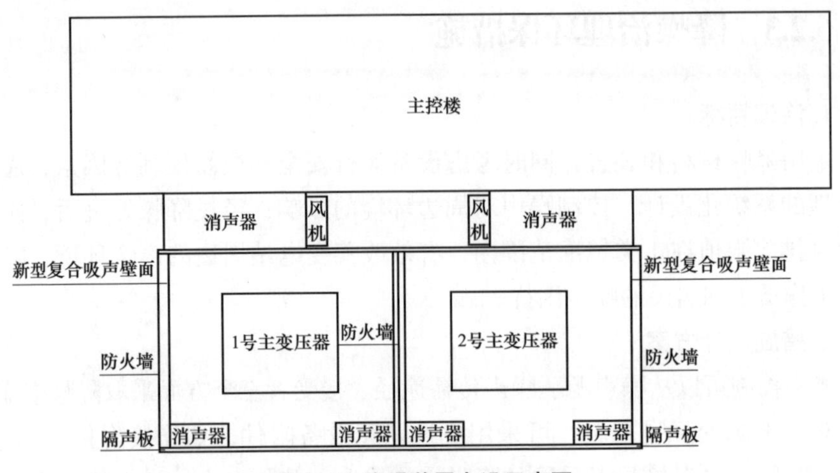

图 6-8 降噪装置布设示意图

（2）风机消声控制措施。为了保证主变压器能够较好通风散热，每台主变压器对应的声屏障两侧各布设 2 台进风消声器 JF-1，进风口设置在高 3.7m 位置，共计 4 台。在防火墙与主控室隔声板封堵处两侧设置 2 台带有 PF-1 排风消声器的 FJ-1 风机，保证气流的有效流通，消声器能使噪声级降低 20dB（A）左右。消声器布设位置如图 6-9 所示

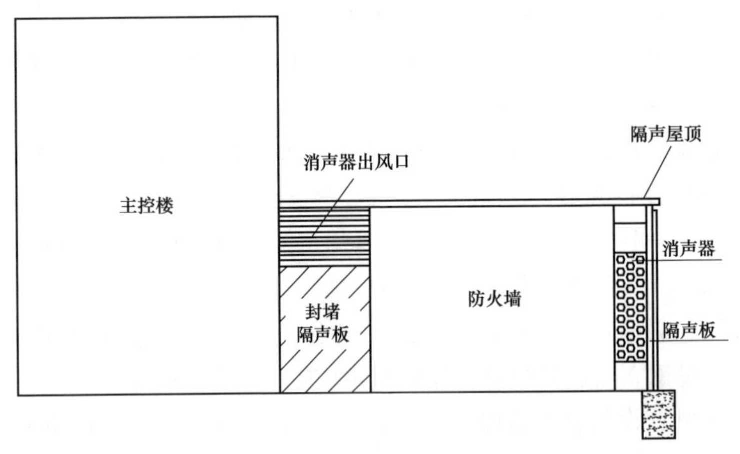

图 6-9 消声器布设位置示意图

（3）隔声门安装布设。为方便变电站日常检修及运维，在声屏障正立面开设两个对开型重质隔声检修门，尺寸为 2600mm × 2325mm，位置如图 6-10 所示，隔声量达 30dB。

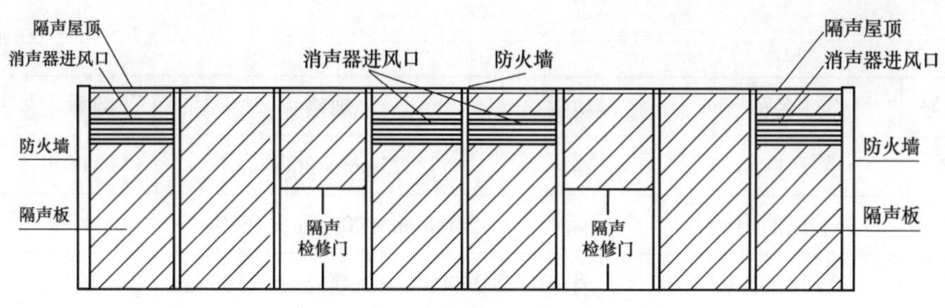

图 6–10　声屏障检修门示意图

（4）屋顶隔声板安装布设。屋顶采用 2330mm × 1000mm 和 8230mm × 1000mm 尺寸的隔声板，与钢结构进行组合安装，高度与防火墙等高，覆盖范围为矩形，边界分别为两主变压器最外侧防火墙、主控楼到声屏障顶端，示意图如图 6–11 所示。工程主要耗材见表 6–7。降噪设施实景如图 6–12 所示。

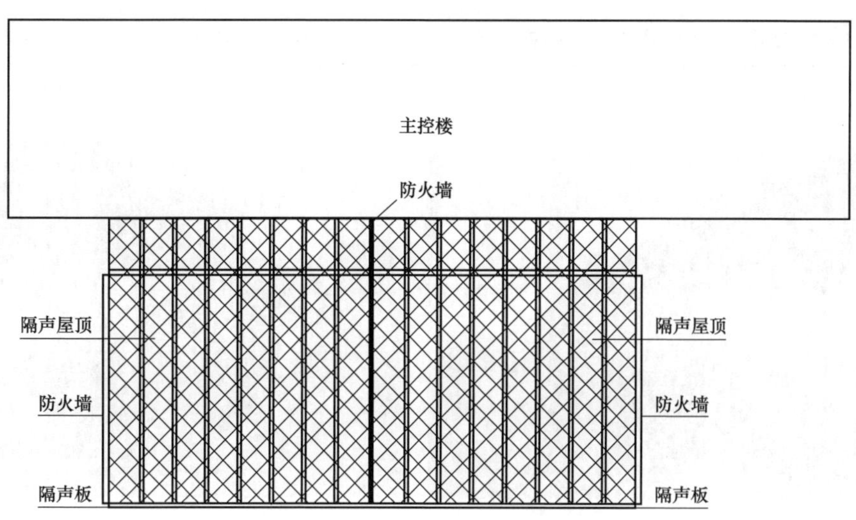

图 6–11　屋顶隔声板平面示意图

表 6–7　　工程主要耗材一览表

序号	名称	功能	规格	数量	单位
1	立面隔声板材	隔声	2500mm × 5000mm	87.91	m^2
2	屋顶隔声板材	隔声	10560mm × 1000mm	204.864	m^2
3	封堵隔声板	隔声	2500mm × 3400mm	17	m^2
4	吸声板材及支撑结构	吸声	1200mm × 600mm	144	m^2

续表

序号	名称	功能	规格	数量	单位
5	隔声检修门	隔声	2325mm × 2600mm	12.09	m^2
6	进风消声器	消声	2500mm × 900mm × 4500mm	4	台
7	排风消声器	消声	2400mm × 1600mm × 5500mm	2	台
8	进风消声器防雨百叶	消声	2263mm × 800mm	8	套
9	排风消声器防雨百叶	消声	2400mm × 1600mm	4	套
10	风机	排风	—	2	套
11	屏障基础钢筋砼	结构支撑	—	25	m^3
12	主体支撑钢结构	结构支撑	175mm × 175mm 特种 H 型钢	10058.88	kg
13	地脚螺栓及配件	结构支撑	—	12	套

图 6-12　降噪设施实景图

6.2.4　降噪效果评价

降噪措施实施后监测布点如图 6-13 所示。改造后主变压器和厂界点噪声频谱特征监测结果见表 6-8、表 6-9。

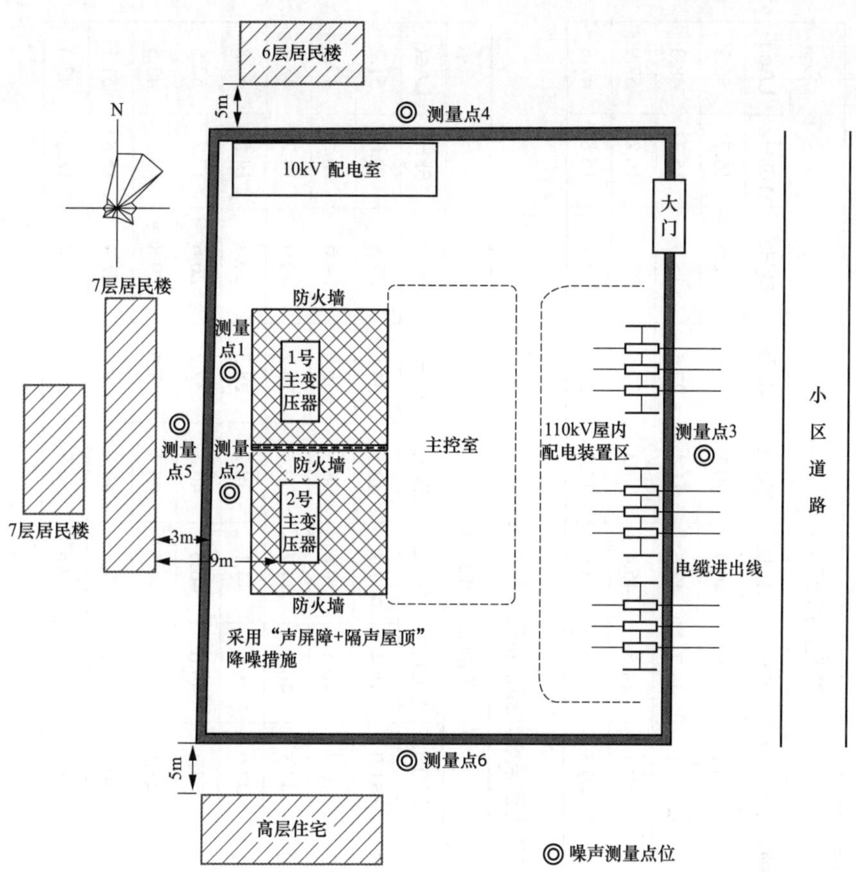

图 6-13　降噪措施实施后监测布点示意图

表 6–8　改造后主变压器噪声频谱特征监测结果

监测点位描述			监测数据 dB(A)											
			16Hz	31.5Hz	63Hz	125Hz	250Hz	500Hz	1kHz	2kHz	4kHz	8kHz	16kHz	LAeq
测量点1	1 号主变压器西侧 2m	昼间	44.6	46.3	46.4	42.8	60.1	53.9	46.9	40.1	29.9	22.5	16.7	55.2
		夜间	40.7	40.5	40.7	40.3	49.1	48.7	47.6	41.4	27.5	15.9	15.3	48.3
测量点2	2 号主变压器西侧 2m	昼间	45.6	47.1	46.6	41.7	50.1	54.5	46.4	39.3	32.5	27.9	16.2	52.9
		夜间	41.1	41.2	41.0	40.2	49.5	47.0	45.5	37.2	25.5	17.7	15.8	47.8

表 6–9　改造后厂界测点噪声频谱特征监测结果

监测点位描述			监测数据 dB(A)											
			16Hz	31.5Hz	63Hz	125Hz	250Hz	500Hz	1kHz	2kHz	4kHz	8kHz	16kHz	LAeq
测量点 3	厂界围墙东侧 1m	昼间	44.8	44.0	43.5	52.3	51.0	48.4	47.7	42.5	34.8	27.5	19.6	51.2
		夜间	36.5	35.5	36.7	40.2	40.7	40.5	39.8	38.6	36.0	24.6	16.5	43.1
测量点 4	厂界围墙南侧 1m	昼间	43.2	42.5	42.3	48.0	47.5	46.3	44.7	39.4	28.2	20.9	14.7	48.1
		夜间	38.4	42.0	43.3	49.1	47.0	46.0	44.1	38.7	28.3	20.4	14.5	42.8
测量点 5	厂界围墙西侧 1m	昼间	43.8	45.5	43.9	50.7	57.2	49.6	46.6	40.3	32.2	26.6	17.7	52.5
		夜间	36.3	36.1	36.0	44.1	43.1	42.7	39.2	33.3	27.5	19.8	15.3	43.5
测量点 6	厂界围墙北侧 1m	昼间	44.1	45.2	45.0	51.7	50.0	50.1	47.6	40.6	29.2	21.4	15.8	51.1
		夜间	43.6	43.8	45.2	43.5	41.0	41.6	40.6	34.6	27.9	21.8	18.0	43.3

治理后该变电站噪声整体水平明显下降，西侧站界夜间噪声降噪效果明显，下降约 8.9dB(A)。降噪施工前后变电站厂界处噪声值对比如表 6–10 所示。降噪效果如图 6–14 所示。

表 6–10　　降噪施工前后变电站厂界处噪声值对比表

测量时间段	厂界东侧		厂界南侧		厂界西侧		厂界北侧	
	昼间	夜间	昼间	夜间	昼间	夜间	昼间	夜间
降噪施工前 dB（A）	58.2	50.9	55.7	50.3	59.5	52.4	58.1	51.7
降噪施工后 dB（A）	51.2	43.1	48.1	42.8	52.5	43.5	51.1	43.3
降噪量 dB（A）	7.0	7.8	7.6	7.5	7.0	8.9	7.0	8.4

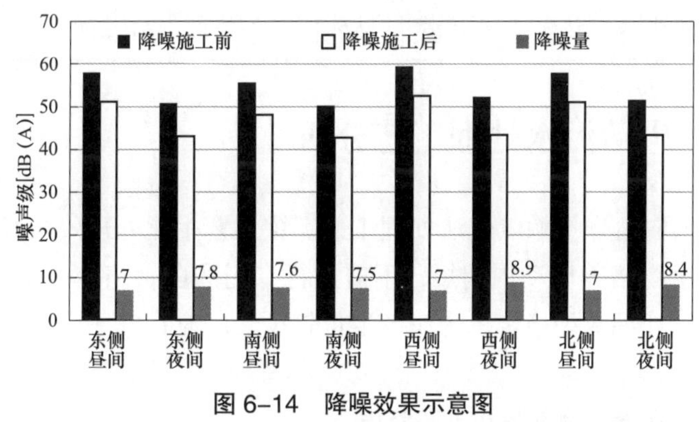

图 6–14　降噪效果示意图

采取治理措施后，根据现场测量数据，变电站四周厂界噪声排放值均能满足《工业企业厂界环境噪声排放标准》（GB 12348—2008）中的 1 类标准 [昼间 55dB（A），夜间 45dB（A）]，降噪效果明显。

6.3　变电站生活污水防治措施案例分析

6.3.1　变电站概况

某 220kV 变电站原为有人值班无人值守站，少量生活污水经化粪池处理沉淀，上清液用于站区绿化，沉渣定期清掏用作周围农田肥料。根据电网规划该站调整为集控站，白天常驻 12 人，夜间常驻 5 人，站内设置餐厅。最高日生活污水产生量 1.6m^3/d，经化粪池处理后排入站外沟渠，雨季水量大时沟渠汇水排入附近河流，该段河流为非保护区的Ⅲ类水域。根据现状监测，变电站出水水质不能满足 GB 8978-1996《污水综合排放标准》一级标准，为满足水质排放标准，需要治理。治理前水质监测结果如表 6-11 所示。

表 6-11　　治理前水质监测结果

项目	BOD5（mg/L）	COD（mg/L）	氨氮（mg/L）	pH 值	悬浮物（mg/L）	动植物油（mg/L）	石油类（mg/L）	总磷（mg/L）
监测值	26	55	21	7.9	88	15	3.8	0.8
排放标准值（一级）	20	100	15	6 ~ 9	70	10	5	0.5
达标情况	不达标	达标	不达标	达标	不达标	不达标	达标	不达标

6.3.2　生活污水处理工艺分析

变电站采取生物接触氧化法处理工艺。该工艺生化处理效果好，池内有固定填料，微生物培养启动周期短，不需进行专门的菌种培养，操作管理方便，小规模污水量处理效果稳定，污泥产生量较少，同时在餐厅出水前设置隔油池预处理。

1. 水质、水量设计参数和工艺流程

本工程生活污水出水水质执行《污水综合排放标准》(GB 8978—1996) 的一级标准。原水通过排污总管流经格栅，去除较大杂物后流入调节池进行预曝气，调节水质、水量，调节池内设 2 台无堵塞潜污泵，切换使用，经调节池匀质和预曝气的污水泵送至接触氧化池。污水中的有机物和池内生物膜充分接触，经过微生物的吸附、降解使水质得以净化。工艺流程如图 6-15 所示。

接触氧化池出水进入沉淀池进一步固液分离，去除部分脱落的生物膜和活性污泥，最后经消毒排放。沉淀池中污泥由气提装置定期抽送至污泥池，进一步沉淀、浓缩，上清液经溢流管回流至调节池，浓缩污泥由人工定期外运。

2. 主要构筑物及设备参数

为保证高浓度微生物的正常代谢，接触氧化池内的气水比采用 18 : 1。

格栅栅距为 10mm。

调节池有效容积为 25m^3，采用钢筋混凝土结构，污水有效停留时间为 4h。

接触氧化池有效水深为 2.0m，有效容积为 12m^3，池内采用穿孔管曝气，内挂弹性填料，水污停留时间为 3h。

沉淀池采用竖流式，环氧煤沥青防腐，有效容积为 5m^3，设计污水停留时间为 3h。出水采用齿形集水槽，可调节液位；沉淀污泥用气提装置提升至污泥池。

污泥池有效容积为 4.5m^3，内设溢流管、气提装置。

消毒池有效容积为 2m^3，采用固体氯片接触溶解消毒。

水泵流量为 8m^3/h，压力为 120kPa，功率为 0.75kW。

小型地埋式一体化污水处理设施见图 6–16。

风机采用罗茨风机，风量为 0.75m^3/min，风压为 0.03MPa，功率为 1.5kW。

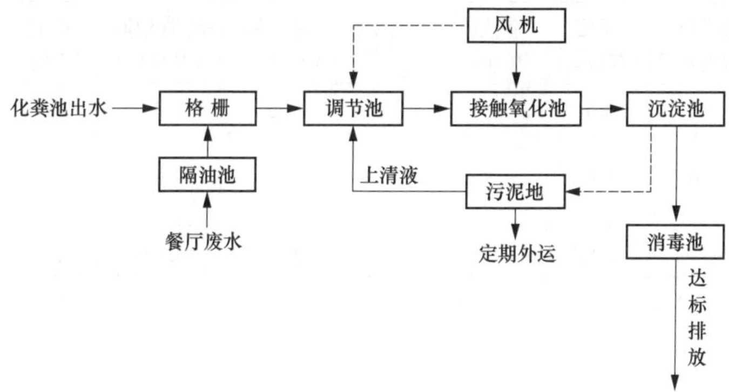

图 6–15　接触氧化法污水处理工艺流程图

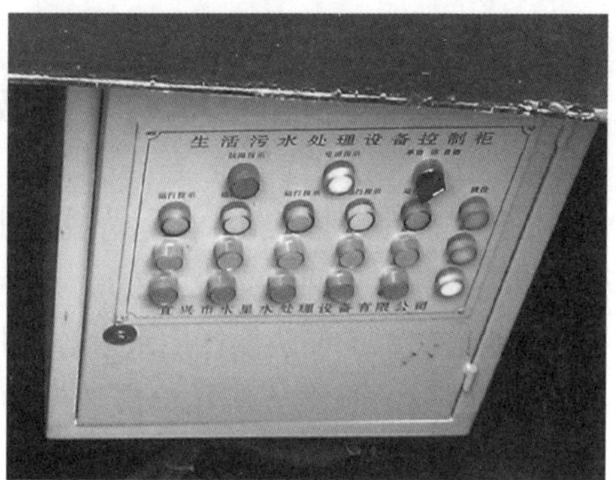

图 6–16　小型地埋式一体化污水处理设施

6.3.3 设施投运后水质监测

1. 监测内容

对变电站生活污水的化学耗氧量、生化需氧量、pH 值、氨氮、悬浮物、动植物油、石油类、总磷等进行监测。监测点位为变电站污水管道总排放口。

2. 监测结果及评价

安装水处理设施后，对变电站排放的生活污水进行水质监测，结果见表 6–12。根据监测结果，生活污水经处理后，外排污水均可以达到《污水综合排放标准》（GB 8978—1996）一级标准。

表 6–12　　变电站排放生活污水水质监测结果

项目	BOD_5（mg/L）	COD（mg/L）	氨氮（mg/L）	pH 值	悬浮物（mg/L）	动植物油（mg/L）	石油类（mg/L）	总磷（mg/L）
监测值	<2	<5	8.3	7.8	32	8	3.0	0.4
排放标准值（一级）	20	100	15	6 ~ 9	70	10	5	0.5
达标情况	达标	达标	达标	达标	达标	达标	达标	达标

6.4 线路穿（跨）越水源地环境保护措施案例分析

6.4.1 工程概况及与水源保护区位置关系

某新建线路路径长 58km，跨越南水北调中线一期工程总干渠两侧饮用水水源保护区，其中单回路架设 57km，双回杆塔单侧架线 1km。本线路与南水北调中线一期工程总干渠两侧饮用水水源保护区的相对位置关系见图 6–17。

本期线路跨越点处所在渠段的保护区划范围为：一级保护区范围自总干渠管理范围边线外延 100m，二级保护区范围自一级保护区边线外延 1000m。根据测量，本工程新建线路在南水北调中线干渠两侧的水源保护区内走线长度合计约 2.3km，其中在一级保护区内走线长度约 0.2km，在二级保护区范围内走线长度约 2.1km。线路跨越南水北调总干渠时采用一档跨越，未在一级保护区内立塔，在二级保护区立塔 5 基。

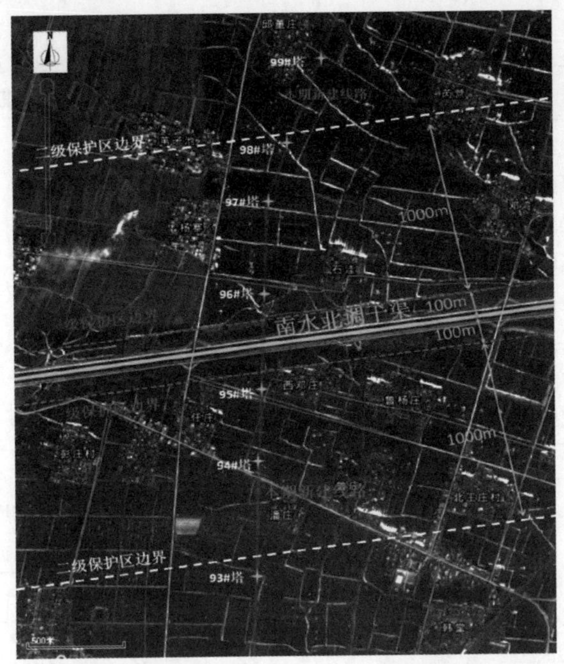

图 6-17　本线路与南水北调中线总干渠的位置关系示意图

6.4.2　工程环保措施

1. 施工前制定施工技术方案

施工前，制定完善科学合理的施工技术方案，见表 6-13。基础施工现场布置如图 6-18 所示。

表 6-13　　施工技术方案

施工阶段	施工方案	工期	注意事项
基础施工	施工准备→钻孔桩桩位防线→埋设护筒→装机就位并调整校正好钻头对准桩位→输入泥浆开钻→达到设计标高终孔→第一次清孔→下设钢筋笼、导管→第二次清孔→水下灌注混凝土→验桩→撤场、清理	15 天	不在保护区内设置搅拌站；保护区内塔基施工采取封闭式施工布置
铁塔组立施工	出厂组装与现场组装结合	5 天	不进行焊接、镀锌等工艺

续表

施工阶段	施工方案	工期	注意事项
导地线架设施工	放线准备：在放线前、牵引绳牵引导线前，首先按要求布置好牵引场地，牵引设备按要求进行锚固和接地。放线操作：首先拆除牵引绳临锚，启动牵引机缓慢牵引，当临时锚装置不受力时将其拆除；启动张力机使其缓慢回转；然后整定牵张力，当牵张力整定后，在逐渐提高牵引速度的同时，分别调整各导线张力，使其张力一致，牵引板呈水平状。 放线顺序：先放中相，后放边相	3 天	对塔基区、牵张场、临时施工道路区域采取种植乔灌草或撒播草籽的方式进行植被恢复

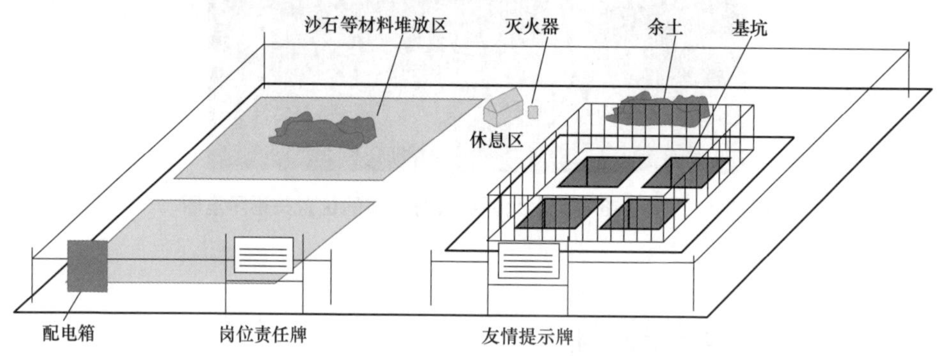

图 6-18　基础施工现场布置示意图

2. 施工期环保措施

（1）建设单位加强施工期的环境管理和环境监控工作。加强施工队施工人员的环境保护教育，做好宣传和培训工作。在水源保护区内设置施工活动警示牌，标明施工注意事项；禁止捕杀野生动物及其他破坏水环境生态平衡、水源涵养林、护岸林等与水源保护相关植被的活动；禁止施工人员在水源保护区内旅游、游泳、洗涤和其他可能污染水源的活动。施工人员产生的生活垃圾收集集中后及时清运出饮用水源保护区。

（2）加强施工和混凝土搅拌站等各类工地监管，集中配制或使用商品混凝土，用罐装车运至施工点进行浇筑，避免因混凝土拌制产生扬尘和噪声。

（3）施工过程中产生的建筑垃圾在施工期间及时清运，并按照环境卫生主管部门的规定处置。

（4）制定渣土运营管理办法，确保渣土车辆 100% 密闭运输、出入车辆 100% 冲洗，整治运输车辆物料抛洒和扬散问题，运载土方的车辆必须在规定的时间内按指定路段行驶，并限制车速，控制扬尘污染。

（5）基础开挖过程中，定时、及时洒水使施工区域保持一定的湿度，对施工现场地面 100% 硬化。

（6）渣土、料堆放场要按规范建设“三防”（防扬尘、防流失、防渗漏）设施，建设防风抑尘墙、防风抑尘网，并配备喷淋、覆盖和围挡等防风抑尘设施，做到施工工地 100% 围挡、物料堆放 100% 覆盖。

3. 运营期环保措施

对线路运行维护人员的环境保护教育。组织运行维护人员进行生态环境保护、水源保护区保护等方面的法律法规的学习。

线路运维护部门应将工程运行维护过程中产生的废弃绝缘子、生活垃圾等废物及时带出保护区妥善处置，及时消除由此带来的环境风险影响。

线路巡检过程中，对塔基扰动区的植被恢复情况进行检查，如发现扰动区局部存在水土流失较为严重的情况，应及时组织人力对塔基区植被进行修复和水土流失防治。

6.5 废旧复合绝缘子资源化利用

废旧复合绝缘子环保措施主要是资源化回收再利用。本案例根据某公司废旧复合绝缘子处理流程介绍回收利用情况。

6.5.1 废旧复合绝缘子回收处理流程

废旧的复合绝缘子回收后经清洗、材质分离、破碎、粉碎、改性等环节，得到不同颗粒目数的硅橡胶粉，回收处理生产工艺见图 6–19，实景图见图 6–20。硅橡胶粉可作为原材料，用于其他产品生产和现场应用。

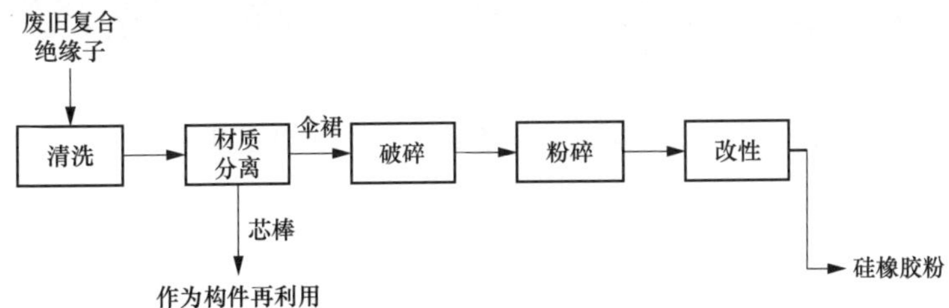

图 6–19 废旧复合绝缘子回收处理生产工艺

(a) (b) (c) (d) (e) (f)

图 6-20 废旧复合绝缘子回收处理生产工艺实景图

（a）清洗；（b）材质分离；（c）芯棒再利用；（d）破碎；（e）粉碎；（f）材料改性

6.5.2 废旧复合绝缘子硅橡胶粉绿色循环应用

1. 硅橡胶粉作为新复合绝缘子生产辅材

在复合绝缘子硅橡胶炼胶过程中，硅橡胶粉按一定比例加入，混炼均匀后经薄通、加硫化剂、一次注射成型，生产新复合绝缘子产品。胶粉添加复合绝缘子，硅橡胶现场炼制如图 6–21 所示。

图 6–21 胶粉添加复合绝缘子硅橡胶现场炼制

2. 硅橡胶粉用于改性混凝土

硅橡胶粉按 5~28kg/m^3 比例加入混凝土中，将改性的混凝土用于步行道路、停车运动场地的地基施工中，见图 6–22、图 6–23。

图 6–22 胶粉改性混凝土步行走廊施工

图 6-23　胶粉改性混凝土运动场地施工

3. 硅橡胶粉在墙体涂层中循环使用

硅橡胶粉按一定比例与粘合剂混合，加入调色剂、稀释剂等助剂，作为墙体涂层用于建筑物墙体，见图 6-24、图 6-25。调整硅橡胶胶粉颗粒大小及配比，可调整墙体涂层厚度，美观又实用。采用硅橡胶胶粉涂层环保、阻燃、隔热且无异味。

图 6-24　硅橡胶粉墙体涂层

图 6-25　硅橡胶粉墙体涂层

4. 硅橡胶粉在塑胶地坪中循环利用

将不同颗粒硅橡胶粉按比例混合，加入黏合剂、调色剂等助剂，搅拌均匀后摊铺于水泥地基上。摊铺完成 7 天后，对塑胶颗粒地坪做二次表面处理，3 天后对地坪表面做三次处理，完成塑胶地坪的施工，见图 6–26、图 6–27。

图 6–26　塑胶地坪摊铺施工

图 6–27　塑胶地坪表面再处理

6.6　水土保持措施

6.6.1　项目概况

某项工程包括新建 500kV 线路 58.5km，新建铁塔共计 141 基。扩建甲变电站 1 个 500kV 间隔和乙变电站 1 个 500kV 间隔，扩建工程均在已建成变电站围墙内进行，无新增征地。变电站站址及线路途径区域的土壤主要为黄棕壤土。黄棕壤是黄红壤与棕壤之间过渡性土类，分布于亚热带北缘。地带性植被是落叶阔叶林。

根据全国水土保持区划（试行），本工程变电站扩建区属于丘陵保土农田防护区（三级区），输电线路区属于大别山—桐柏山山地丘陵区（二级区）；根据《河南省水土保持规划（2016~2030 年）》，项目区所在地属于河南省省级水土流失重点治理区，项目区不涉及崩塌、滑坡危险区和泥石流易发区。

6.6.2 水土保持措施原则

本工程在实际施工过程中依照方案编制的原则和目标，以防止新增水土流失和改善区域生态环境为主要目的，结合主体工程设计的水土保持措施，合理配置各防治区的水土保持措施。在防治措施上做到开发与保护相结合，临时防护与永久防护相结合，工程与植物措施相结合，形成完整的防护体系。总体布局以工程措施控制施工期大面积、高强度水土流失，为植物措施的实施创造条件；同时以植物措施与工程措施配套，提高水土保持效果、节省工程投资、改善生态环境。

6.6.3 水土保持工程措施

本工程水土保持措施与主体工程同步建设，起到了较好的防护效果。本工程实际完成的工程措施工程量为：碎石铺筑 0.38hm^2，土地整治 13.47hm^2，表土剥离与回覆 11600m^3。

本工程实际表土剥离厚度为 0.3~0.4m，总表土剥离面积为 3.39hm^2。其中塔基及施工区表土剥离面积为 1.89hm^2，临时施工道路区表土剥离面积 1.50hm^2。本工程各防治分区工程措施实际完成情况详见表 6–14。扩建区碎石铺设见图 6–28、塔基及施工区土地整治见图 6–29。

表 6–14　　水土保持工程措施完成情况表

防治分区	工程措施	实际完成工程量	单位	实施部位
变电站扩建区	碎石铺筑	0.38	hm^2	变电站扩建区除硬化区域外

续表

防治分区	工程措施	实际完成工程量	单位	实施部位
塔基及施工区	表土剥离及回覆	5600	m^3	植被恢复区域
	土地整治	7.47	hm^2	施工扰动区域
临时施工道路区	表土剥离及回覆	5000	m^3	植被恢复区域
	土地整治	3.60	hm^2	施工扰动区域
牵张场区	土地整治	2.40	hm^2	施工扰动区域

图 6–28　扩建区碎石铺设

图 6–29　塔基及施工区土地整治

6.6.4　水土保持植物措施

本工程水土保持植物措施主要为撒播草籽，实际撒播草籽面积 2.13hm^2，见图 6–30。

本工程各防治分区植物措施实际完成情况详见表 6–15。

表 6–15　水土保持植物措施完成情况表

防治分区	植物措施	实际完成工程量（hm^2）	实施部位
塔基及施工区	撒播草籽	1.42	扰动的林草区域及无法及时复耕的耕地区域
临时施工道路区	撒播草籽	0.51	扰动的无法及时复耕的耕地区域

续表

防治分区	植物措施	实际完成工程量（hm^2）	实施部位
牵张场区	撒播草籽	0.20	扰动的无法及时复耕的耕地区域

图 6-30　塔基撒播草籽

6.6.5　水土保持临时措施

工程施工过程中实施的临时措施主要包括：临时苫盖面积 24670m^2，钢板铺设面积 200m^2，临时沉沙池 115 个，临时泥浆池 8 个，临时排水沟 12000hm^2。

本工程各防治分区临时措施实际完成情况见表 6-16。现场施工场景见图 6-31~ 图 6-34。

表 6-16　　水土保持临时措施完成情况表

防治分区	分部工程	实际完成工程量	单位	实施部位
变电站扩建区	临时苫盖	250	m^2	临时堆土区及临时材料堆放区
塔基及施工区	临时沉沙池	115	个	地下水位较浅的塔基施工区
	临时泥浆池	8	个	每 2 个灌注桩基础共用 1 个临时泥浆池（共有 16 个灌注桩基础）

续表

防治分区	分部工程	实际完成工程量	单位	实施部位
塔基及施工区	临时苫盖	14920	m^2	临时堆土区及临时材料堆放区
	钢板铺设	200	m	部分扰动占压区域
临时施工道路区	临时排水沟	12000	hm^2	临时施工道路旁
	临时苫盖	1500	m^2	临时堆土区及临时材料堆放区
牵张场区	临时苫盖	8000	m^2	临时材料堆放区

图 6–31　临时泥浆池

图 6–32　塔基区临时苫盖及表土回覆

图 6–33　施工场地临时覆盖

图 6–34　牵张场临时苫盖

6.6.6 水土保持措施防治效果

1. 工程措施防治效果

经监测与调查表明，本工程实施水土保持工程措施后，工程表面平整，石料坚实，外观结构和缝宽符合设计要求，无裂缝、塌陷现象。土地整治措施及时，地面平整，满足作物后期生长发育条件。工程措施防护作用显著，不仅减少了工程建设造成的水土流失，而且对主体工程起到了有效的防护作用。

2. 植物措施防治效果

据监测与抽样调查，本工程水土保持植物措施中撒播草籽的成活率达 85% 以上，植物措施面积 2.13hm^2。植物措施的实施既美化了项目区环境，又增加了地表植被盖度，有效减少了水土流失的发生。

3. 临时措施防治效果

从工程区现场及周边区域的调查情况来看，工程建设并未对周边地区产生严重的水土流失影响，由此判断工程建设过程采取的临时措施防治效果较好，有效地控制了施工过程中的水土流失。

附 录 交叉跨越距离要求

附表 1 导线与铁路、道路、河流、管道、索道及各种架空线路交叉跨越距离要求

项目		铁路				公路	电车道（有轨及无轨）	
导线或地线在跨越档内接头		标准轨距：不得接头 窄轨：不得接头				高速公路、一级公路：不得接头二、三、四级公路：不限制	不得接头	
邻档断线情况的检验		标准轨距：检验 窄轨：不检验				高速公路、一级公路：检验 二、三、四级公路：不检验	检验	
邻档断线情况的最小垂直距离（m）	标称电压（kV）	至轨顶			至承力索或接触线	至路面	至路面	至承力索或接触线
	110	7.0			2.0	6.0	—	2.0
最小垂直距离（m）	标称电压（kV）	至轨顶			至承力索或接触线	至路面	至路面	至承力索或接触线
		标准轨	窄轨	电轨				
	110	7.5	7.5	11.5	3.0	7.0	10.0	3.0
	220	8.5	7.5	12.5	4.0	8.0	11.0	4.0
	330	9.5	8.5	13.5	5.0	9.0	12.0	5.0
	500	14.0	13.0	16.0	6.0	14.0	16.0	6.5
	750	19.5	18.5	21.5	7.0(10)	19.5	21.5	7(10)
	±800	21.5	21.5	21.5	12.5	21.5	21.5	15.0
	1000	27.0	26.0	27.0	16.0	27.0	—	—

续表

项目		铁路	公路		电车道（有轨及无轨）	
	标称电压（kV）	杆塔外缘至轨道中心	杆塔外缘至路基边缘		杆塔外缘至路基边缘	
			开阔地区	路径受限地区	开阔地区	路径受限制地区
最小水平距离（m）	110	交叉：塔高加3.1m，无法满足要求时可适当减小，但不得小于30m，±800kV和1000kV特高压线路不得小于40m。 平行：塔高加3.1m，困难时双方协商确定。	交叉	5.0	交叉	5.0
	220		8	5.0	8	5.0
	330		10（750kV）	6.0	10（750kV）	6.0
	500		平行最高杆（塔）	8.0(15)	平行最高杆（塔）	8.0
	750		高	10(20)	高	10
	±800		15	12	15	—
	1000		15	12	15	—
附加要求		不宜在铁路出站信号机以内跨越	括号内为高速公路数值。高速公路路基边缘指公路下缘的排水沟		—	—
备注			城市道路分级可参照公路的规定		—	—

项目	通航河流	不通航河流	弱电线路	电力线路	特殊管道	索道
导线或地线在跨越档内接头	一、二级：不得接头 三级及以下：不限制	不限制	不限制	110kV及以上线路：不得接头 110kV以下线路：不限制	不得接头	不得接头
邻档断线情况的检验	不检验	不检验	Ⅰ级：检验 Ⅱ、Ⅲ级：不检验	不检验	检验	不检验

续表

项目		通航河流		不通航河流		弱电线路	电力线路	特殊管道	索道
邻档断线情况的最小垂直距离（m）	标称电压（kV）	—				至被跨越物	—	至管道任何部分	—
	110	—				1.0	—	1.0	—
最小垂直距离（m）	标称电压（kV）	至5年一遇洪水位	至最高航行水位最高船桅顶	至百年一遇洪水位	冬季至冰面	至被跨越物	至被跨越物	至管道任何部分	至索道任何部分
	110	6.0	2.0	3.0	6.0	3.0	3.0	4.0	3.0
	220	7.0	3.0	4.0	6.5	4.0	4.0	5.0	4.0
	330	8.0	4.0	5.0	7.5	5.0	5.0	6.0	5.0
	500	9.5	6.0	6.5	11/10.5	8.5	6.0（8.5）	7.5	6.5
	750	11.5	8.0	8.0	15.5	12.0	7（12）	9.5	8.5（顶部） 11（底部）
	±800	15	10.5	12.5	18/18.5	17	10.5（15）	17	10.5
	1000	14/13	10	10	22/21	18/16	10（16）	18/16	—

续表

项目		通航河流	不通航河流	弱电线路		电力线路		特殊管道	索道
最小水平距离（m）	标称电压（kV）	边导线至斜坡上缘（线路与拉纤小路平行）		与边导线间		与边导线间		边导线至管、索道任何部分	
				开阔地区	路径受限制地区	开阔地区	路径受限制地区	开阔地区	路径受限制地区（在最大风偏情况下）
	110	最高杆（塔）高		110~750 kV、800kV 平行时：最高杆（塔）	4.0	平行时：最高（杆）塔高	5.0	平行时：最高杆（塔）高	4.0
	220	最高杆（塔）高			5.0		7.0		5.0
	330	最高杆（塔）高			6.0		9.0		6.0
	500	最高杆（塔）高			8.0		13.0		7.5
	750	最高杆（塔）高			10.0	20	16.0		9.5、8.5、11
	±800	最高杆（塔）高		13/12	13	20	13		15 或协议
	1000	河堤保护范围外或按协议取值			13/12		13		—
附加要求		最高洪水位时，有抗洪抢险船只航行的河流，垂直距离应协商确定		输电线路应架设在上方		电压较高的线路一般架设在电压较低线路上方。同一等级电压的电网公用线架设在专用线上方		1. 与索道交叉，若索道在上方，索道的下方应装保护设施； 2. 交叉点不应选在管道的检查井（孔）处； 3. 与管、索道平行、交叉时，管、索道应接地	

参考文献

[1] 郑杨 . 超高压交流输电电磁场和直流输电合成电场的研究 [D]. 北京交通大学，2007.

[2] 何为，肖冬萍，杨帆 . 超特高压环境电磁场测量、计算和生态效应 [M]. 北京：科学出版社，2013.

[3] 邬雄，万保权 . 输变电工程的电磁环境 [M]. 北京：中国电力出版社，2009.

[4] 刘振亚 . 特高压交流输电工程电磁环境 [M]. 北京：中国电力出版社，2008.

[5] 刘振亚 . 特高压直流输电工程电磁环境 [M]. 北京：中国电力出版社，2009.

[6] 张晓东 . 输变电工程选址选线 [M]. 北京：中国水利水电出版社，2012.

[7] 陈维 . 绿色环保变电站废水达标排放分析与研究 [J]. 给水排水，2012(1):56–57.

[8] 刘刚，申义贤，裴华 . 输变电工程水土保持措施设计探讨 [J]. 中国水土保持，2011(11):20–22.

[9] 张旭东 . 输变电工程环境风险分析 [J]. 环境科学与管理，2012(1):185–187.

[10] 上海市电气工程设计研究会 . 实用电气工程设计手册 [M]. 上海：科学技术文献出版社，2011.

[11] 孙昕 . 交流输变电工程环境影响与评价 [M]. 北京：科学出版社，2015.

[12] 丁广鑫 . 交流输变电工程环境保护和水土保持工作手册 [M]. 北京：中国电力出版社，2009.

[13] 张雪盈，朱莉娜，江德厚，等 . 变电站废弃物管理模式与对策 [J]. 工业安全与环保，2016，42(2).

[14] 杨佳财 ，刘光明 . 高压输变电工程对环境产生的影响及防治措施探讨 [J]. 环境科学与管理，2007，23(9):169–172，176.

[15] 寇晓适，张科，张嵩阳 . 大型变电站接地网导通状况研究 [J]. 电网技术，32(2):88–92.

[16] 王广周，张嵩阳，闫东 . 500kV 超高压输电线路电磁环境影响因素分析及其

防护对策 [J]. 高压电器，2010，46(8):93–96.

[17] 贾海娟，谢永平，黄显昌，等 . 建设环境友好的输变电工程 [J]. 环境保护，2009，433(23):71–73.

[18] 韩月荣 . 如何做好高压输变电工程的环境影响评价 [C].// 中国环境保护优秀论文集 :822–826.

[19] 王佩华，邓丹 . 城市电网的环境影响与防治对策 [J]. 电力环境保护，2007，23(4):20–22.

[20] 钱诗林，张嵩阳，张远，等 . 110~750kV 变电站噪声超标原因分析及控制措施 [J]. 河南科技，2015(21):57–58.

[21] 祝志祥，韩钰，聂京凯，等 . 变电站降噪用铝纤维吸声材料 [J]. 中国电力，2012，45(7):62–66.

[22] 聂京凯，卢林，李睿，等 . 电网变压器铁芯磁致伸缩与油箱外特性关联分析 [J]. 中国电力，2017，50(12):118–124.

[23] 钱诗林，张远，王飞 . 220kV 输电线路耐张线夹断裂初步分析及运维建议 [J]. 河南科技，No.576(22):88–89.

[24] 陈守聚，姚德贵，张嵩阳 . 特高压输电线路对生态环境影响的初步研究 [C]. 高海拔地区输变电设施电磁环境学术会议 . 2010.

[25] 杨帆，何为，姚德贵 . 应用模拟电荷法在线检测劣质绝缘子的研究 [J]. 高电压技术，029(12):24–25，42.

[26] 张远，李媛，钱诗林 . 输变电工程环评工作中线路架设高度评价探究 [C]. 2015 年全国电磁环境与管理学术交流会 . 2015.

[27] WANG D，YING L，WANG W，et al. Indoor substation low–noise design and sound absorbing structure improvement considering power transformer acoustic radiation characteristics[J]. Building and Environment，Elsevier，2019，149(August 2018): 390–403.

[28] 王毅 . 规范环境影响评价促进输变电工程健康发展 [J]. 环境保护，2013，15:24–26.

[29] 王晶，谷冰，张巍，等 . 输变电工程环境影响评价及环境管理 [J]. 华北电力技术，2010，(1):48–49，54.

[30] YING L，WANG D，WANG G，et al. I ndoor and Built Acoustic characteristic analysis of power transformers in urban communities based on a combined finite and boundary element method[J]. 2019，29(2): 208–220.

[31] 王忠强，何强，卢林 . 变电站降噪材料用切削铝纤维的热处理工艺研究 [J]. 热

加工工艺 (12):209-211.

[32] 谢毓城 . 电力变压器手册 [M]. 2 版 . 机械工业出版社 : 北京，2014.

[33] Reiner M. Magnetostrictive Offset and Noise in Flux Gate Magnetometers[J]. IEEE Transactions on Magnetics, IEEE, 5: 98 - 105.

[34] 钟祥璋 . 建筑吸声材料与隔声材料 [M]. 2 版 . 北京：化学工业出版社，2012.

[35] Di G Q, Zhou X X, Chen X W. Annoyance response to low frequency noise with tonal components: A case study on transformer noise[J]. Applied Acoustics, Elsevier Ltd, 2015, 91: 40 - 46.

[36] Ertl M, Voss S. The role of load harmonics in audible noise of electrical transformers[J]. Journal of Sound and Vibration, Elsevier, 2014, 333(8): 2253 - 2270.

[37] Bouayed K, Mebarek L, Lanfranchi V, et al. Noise and vibration of a power transformer under an electrical excitation[J]. Applied Acoustics, Elsevier Ltd, 2017, 128: 64–70.

[38] 黄小莉，姚必政 . 输变电工程建设中的环境保护工作 [J]. 黑龙江科技信息，2012，(13):46–46.

[39] 环境保护部环境影响评价工程师职业资格登记管理办公室 . 输变电及广电通信类环境影响评价 [M]. 北京：中国环境科学出版社，2009.

[40] 王忠强 . 城市变电站噪声控制技术 [M]. 北京：中国电力出版社，2017.

[41] 韩钰 . 变电站降噪用材料 [M]. 北京：中国电力出版社，2017:

[42] 张焜 . 输变电工程环境影响评价模拟类比可行性研究 [D]. 中国地质大学，2008.

[43] 魏慧杰，唐奇，胡伟，谢银娥 . 交流变电站主要设备噪声特性分析 [J]. 湖南电力，2018，38(02):21–24.

[44] 宋新伟 . 干式空心电抗器振动特性研究 [D]. 合肥工业大学，2018.

[45] 廖敏夫，张晓莉，邢小羽，赵洋洋，段雄英，邹积岩 . 特高压直流接地极入地电流对金属管道腐蚀研究现状与发展趋势 [J]. 高压电器，2018，54(07):44–52.

[46] 卢明，姚德贵，张国民，等 . 劣化绝缘子检测方法的对比分析 [J]. 电瓷避雷器，2000，(005):9–13.

[47] 郭春晖，袁懿 . 输变电工程建设过程中环境保护措施的研究 [J]. 江西电力职业技术学院学报，2018，31(01):3+10.

[48] 张嵩阳，姚德贵，刘清 . 无线工频电场测量与警示仪及应用 [J]. 电测与仪表，

048(001):21–25.

[49] 徐春 . 利用海拉瓦选线改善线路终勘定位模式 [J]. 云南电力技术，2007(01):30–31.

[50] 尹维波 . 直流输电接地极址的选择 [J]. 云南电力技术，2006(03):54.

[51] 张旭 . 变电站项目选址评价研究 [D]. 天津大学，2017.

[52] 刘广祥 . 噪声控制措施对变电站噪声声品质改善效果评价方法研究 [D]. 浙江大学，2018.

[53] 黎文辉 . 高压变电站噪声污染预测与防治技术研究 [D]. 广东工业大学，2015.

[54] 任杰 . 输电线路铁塔的选型设计与结构优化研究 [D]. 华北电力大学，2014.

[55] 乔林 . 城市污水处理工艺对水质提升效果的比较分析 [J]. 南方农机，2018，49(05):5.